KB193953

SCIENCEBLOG

하리하라의 과학블로그 2

일상 속의 과학, 그 안에 숨어 있는 진실과 거짓

●● 글 이은희
●● 그림 류기정

일상 속의 과학, 그 안에 숨어 있는 진실과 거짓

하리하라의 과학블로그 2

SCIENCEBLOG

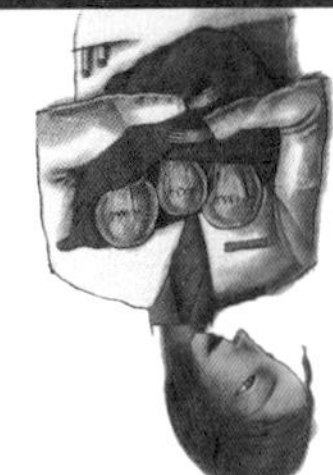

들어가는 글

10원짜리 동전 두 개에 얽힌 추억 - 인과성의 문제

그때가 몇 살 때였는지는 정확히 기억나지 않습니다. 다만 아직은 1970년대였던 세 살 혹은 네 살 무렵으로 기억하고 있지요. 제가 살던 집은 차가 다니는 큰 길 옆으로 난 골목 조금 안쪽에 있었는데, 그 골목 입구에는 작은 구멍가게가 있었습니다. 엄마 손을 잡고 시장에 갔다 오는 길에 한 번씩 들러서 사탕이나 껌 등을 조르곤 하던 작은 가게였지요. 그런데 어느 날 아침, 갑자기 엄마가 저를 불러서 손에 동전을 쥐어주었습니다. 반짝반짝 빛나는 10원짜리 동전 두 개를 주먹마다 하나씩 꽉 쥐도록 하고서는 엄마는 골목 입구 구멍가게 아주머니에게 동전을 갖다 드리라고 말씀하셨습니다. 그리고 엄마는 대문간에 서서 제가 가게로 혼자 걸어가는 모습을 지켜보고 계셨습니다.

어른이면 족히 스무 걸음이면 되는 골목길, 엄마 손을 잡고 같이 걸을 때는 멀게 느껴지지 않던 골목길이었건만 처음으로 혼자 지나려고 하니 매우 두려웠습니다. 그러나 엄마의 당부대로 넘어지지도 손에 쥔 동전을 떨어뜨리지도 않고 무사히 가게까지 도착하는 데 성공했지요. 자랑스러운 얼굴로 아주머니에게 10원짜리 동전 두 개를 내밀자, 아주머니는 웃음을 띤 얼굴로 제 양손에 손가락만한 강정 두 개를 쥐어주셨습니다. 생각지도 못한 선물에 기쁜 저는 다시 아직까지 저를 기다리고 있던 엄마에게로 달려갔습니다.

아주 일상적이고 사소한 일이지만, 이 기억은 제게 있어 매우 소중한 추억으로 남아 있습니다. 왜냐하면 이 날의 경험은 제가 기억하고 있는 제 인생 최초의 기억이기 때문이지요. 그때의 그 골목길, 어린 손에 커다랗게 느껴진 10원짜리 동전, 생각지도 않던 강정에 기뻤던 일, 돌아온 저를 안아주던 엄마의 연두색 홈드레스와 하얀 앞치마는 아직도 기억 속에서 반짝거리고 있기 때문이지요. 지금 생각해보면, 엄마는 아직 '돈'과 '교환'의 의미를 모르던 제게 돈을 사용하는 법과 그 돈으로 원하는 물건을 바꿀 수 있다는 것을 가르쳐주기 위해서 그런 심부름을 시키셨던 듯합니다. 그리고 이 경험은 제게 어떤 일을 제대로 해내기 위해서는 일정한 순서를 따라야 한다는 것과 무언가를 얻기 위해서는 나도 무언가를 주어야 한다는 것을 알게 해주었습니다. 조금 더 나이를 먹고 나서는 얼핏 이해할 수 없는 것이라도 일정한 수순을 밟으며 거꾸로 올라가면 일의 수순을 역으로 추정할 수 있다는 사실을 알게 되었지요. 세상 모든 것에는 '규칙' 이 숨어 있었던 것이죠.

그런 규칙을 찾아내는 것은 재미있는 일이었습니다. 세상 모든 것 속에 숨어 있는 규칙을 찾아내는 것은 지금도 제가 흥미를 느끼는 것입니다. 이후로 저는 수수께끼와 낱말풀이, 추리소설과 스릴러 영화들을 좋아하게 됐고, 과학이란 과목에 흥미를 느끼게 되었지요. 과학적인 방법에서 추구하는 '원인과 결과 사이에 존재하는 관계를 밝히는 방식' 이 마음에 들었거든요. 제가 TV 과학수사대(CSI) 시리즈의 열광적인 팬이 된 이유도 바로 범죄 현장에 떨어진 작은 단서들을 통해 사건을 추론하는 극의 얼개가 마음에 쏙 들었기 때문입니다.

이런 특성은 이 책 『하리하라의 과학블로그 2』에서도 드러납니다. 이 책의 구성은 우리가 흥미를 가지는 주제들, 흔히 일상생활 속에서 무심히 받아들이는 일들을 뒤집어서 일렬로 세워놓는 형태를 띠고 있습니다. 우리가 무심코 믿었던 것들, 혹은 이해할 수는 없지만 그럴 듯하다고 생각했던 것들을 뒤집어서 그 속에 숨어 있는 진실과 거짓이 무엇인지 알고 싶었던 것이죠. 그리고 이를 찾아나가는 과정이 바로 '과학적' 인 사고방식이라고 생각하기 때문이기도 하니까요. 여러분이 이 책을 읽으면서 무심코 받아넘겼던 것들에 대해 다시금 곱씹어서 생각한다면, 그것만으로도 저의 글들은 의미를 갖게 될 것입니다.

이 책을 만드는 데 도움을 주신 분들, 그리고 이 책을 읽어주시는 모든 분께 감사의 인사를 드립니다. 그리고 지금의 저를 있게 해준 분들께 언제나 고맙고, 사랑한다는 말을 지면을 빌려 전하고 싶습니다. 말로 하기엔 괜스레 쑥스럽군요.

2005년 10월 14일

하리하라

차례

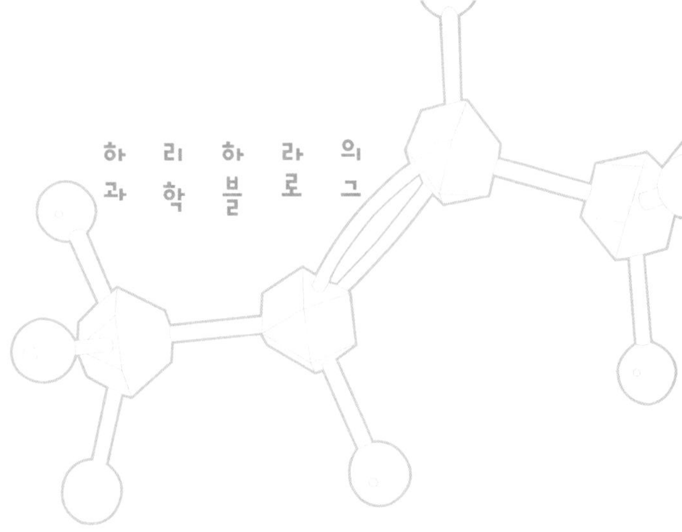
하리하라의
과학블로그

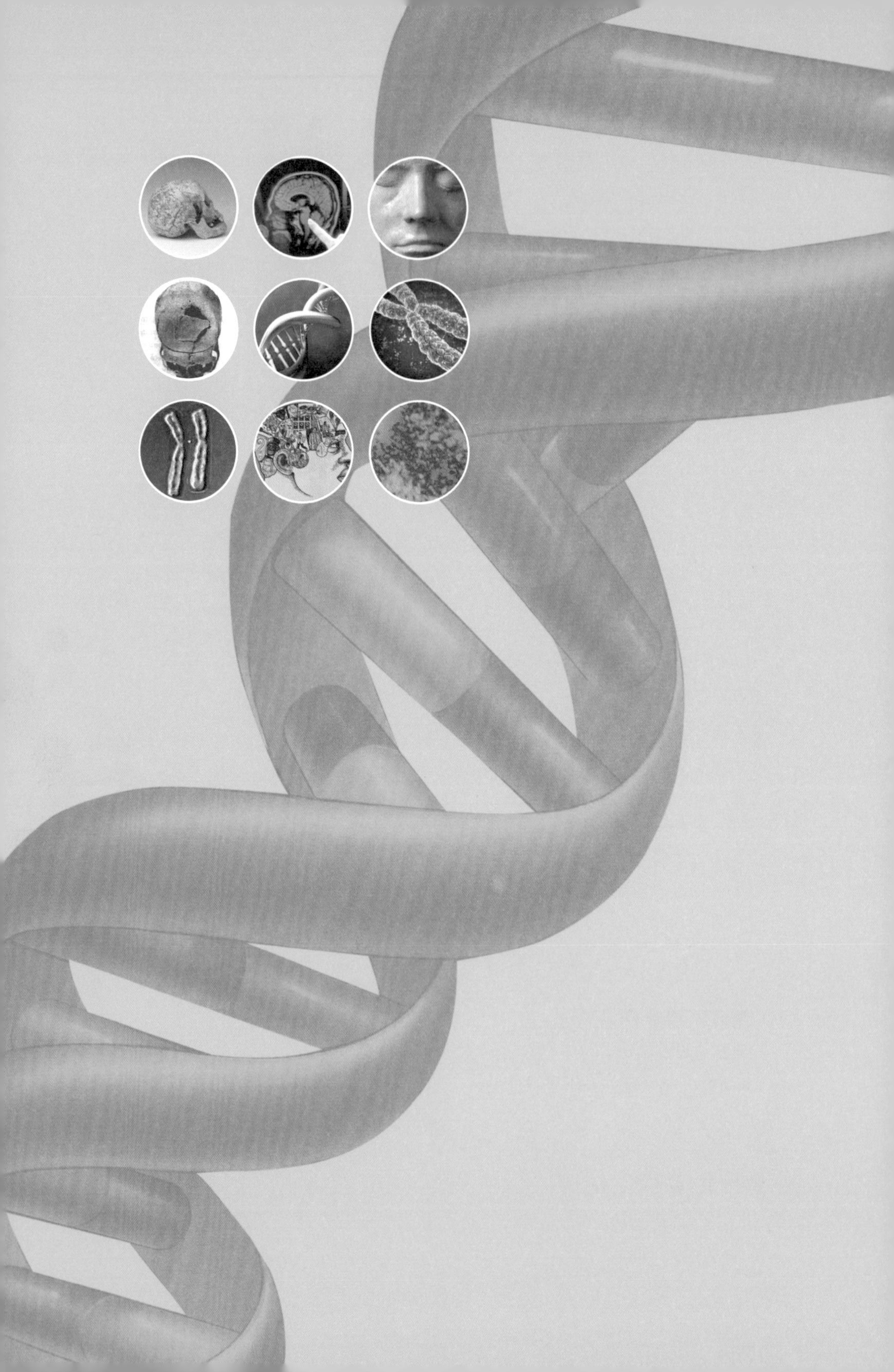

1

인간의 마음은 뇌에 존재하는가, 심장에 존재하는가?

_골상학 VS 신경학

뇌는 인류에게 남겨진 마지막 신대륙이라 해도 좋을 것입니다. 인간의 뇌에 대해 연구하는 것은 우리가 오랜 세월 동안 끊임없이 반문해왔던 '나는 누구인가?' 라는 질문에 대한 해답을 찾아나가는 과정이 될 테니까요.

언젠가 사람들에게 여성의 눈, 코, 입, 귀, 얼굴형을 모두 따로따로 제시하고, 이들을 조합해서 가장 예쁘다고 생각하는 얼굴을 만들어보는 조사를 한 적이 있었습니다. 사람에 따라서 미의 기준이 조금씩 다르긴 하지만, 결국 사람들이 '예쁘다' 라고 가장 많이 지적한 얼굴은 커다란 눈에 작은 턱, 동그란 이마를 가진 얼굴이었습니다.

이 조합에서 뭔가 생각나는 것이 없으신가요? 이런 특징이 가장 두드러진 얼굴은 바로 아기의 얼굴입니다. 사람들은 자신도 모르는 사이에 아기의 얼굴을 닮은 사람들을 예쁘다고 생각한 모양입니다.

실제로 이마가 동그랗고 반듯하면 제 나이보다 어려 보이는 것이 사실입니다. 요즘에는 이런 추세를 반영하듯 납작한 이마에 지방을 주입해서 이마를 동그랗게 만드는 성형수술도 행해지고 있다고 합니다. 고대 가야 시대 때는 이마가 편평한 것이 귀족의 상징이어서 어린아이 때부터 이마를 돌로 눌러 납작하게 만들었다고 하는데 그 당시와 비교한다면 분명 지금은 정반대 현상이지요.

영혼은 심장과 뇌, 어느 쪽에 존재할까?

여러분, 혹시 골상학[骨相學, Phrenology]에 대해서 들어보신 적이 있나요? 시대에 따라서 동그랗거나 반대로 납작한 두상이 인기를 끌기도 했습니다만, 한때는 두상의 모습에 따라서 사람들을 분류하던 시대도 있었답니다. 골상학은 19세기 서양을 풍미했던 유사과학의 일종으로 현재는 거의 사라지긴 했지만, 아직도 일부에서는 믿는 사람이 존재하고 있다고 합니다.

한때는 뇌의 모습에 따라서 사람들을 분류하던 시대가 있었습니다. 19세기 서양을 풍미하던 골상학이 바로 그것이죠. 지금에야 허무맹랑한 것으로 밝혀졌지만 사람들이 뇌에 관심을 갖게 된 계기가 되었답니다.

그렇다면 과연 골상학이란 무엇일까요? 그리고 왜 골상학이 '유사과학'으로 불리게 되었는지 그 이유를 알아봅시다. 오랜 세월 동안 사람들은 몸과 마음이 서로 다른 존재라고 여겨왔습니다. 육체는 죽으면 흙으로 돌아가지만, 영혼

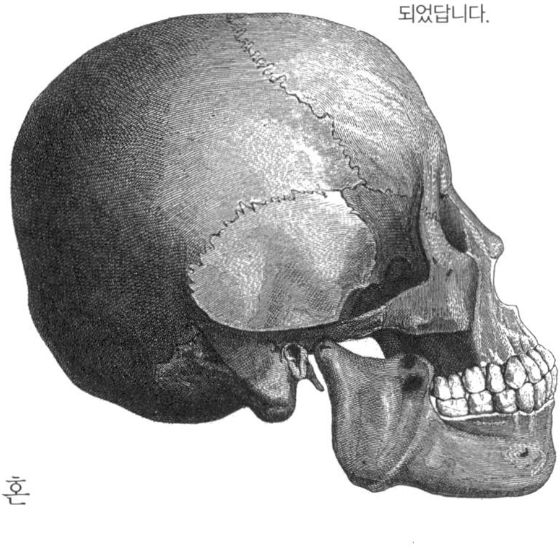

은 영생永生하는 존재라고 생각했죠. 또한 사람들은 마음을 감정과 이성으로 나누어 감정은 심장에, 이성은 뇌에 있다고 생각해왔습니다. 격한 감정 앞에서는 가슴이 아프다거나, 심장이 터질 듯하다는 표현을 쓰고, 이성적이고 지적인 사고 능력에 대해선 머리가 좋다거나 두뇌가 비상하다는 말을 쓰곤 하죠. 이렇듯 사람들은 마음, 즉 혼을 담는 그릇이 육체라고 생각했기 때문에, 몸의 일부 중에서도 고귀한 혼을 담는 중요한 부분이 있을 것이라고 생각했습니다.

오랫동안 사람의 진실한 마음은 심장에 존재한다고 믿어왔습니다. 우리의 영혼이 머리에 존재할 거라는 생각을 하기 시작한 것은 이보다 한참 뒤인 18세기에 들어서였습니다.

프랑스의 외과 의사 라 페로니는 뇌량腦梁, corpus callosum이 손상된 환자를 대상으로 실험하여, 뇌와 마음 사이에 일종의 상관관계가 있다는 것을 알게 되었습니다.

뇌량은 좌뇌와 우뇌를 연결해주는 다리 역할을 하는 부분을 말합니다. 사고로 뇌량이 끊어진 환자는 좌뇌와 우뇌 사이에 정보 교환이 불가능하여 우뇌에서 느낀 감정을 좌뇌로 전달하지 못해 언어로 표현할 수가 없습니다. 예를 들어 잘 익은 빨간 사과를 보고 '맛있겠다' 는 감정을 느껴서 입 안에 군침이 돌아도 '맛있다' 라는 단어로 표현하지는 못하게 되는 것이죠.

라 페로니는 1741년 머리에 심한 상처를 입어 뇌량이 손상된 환

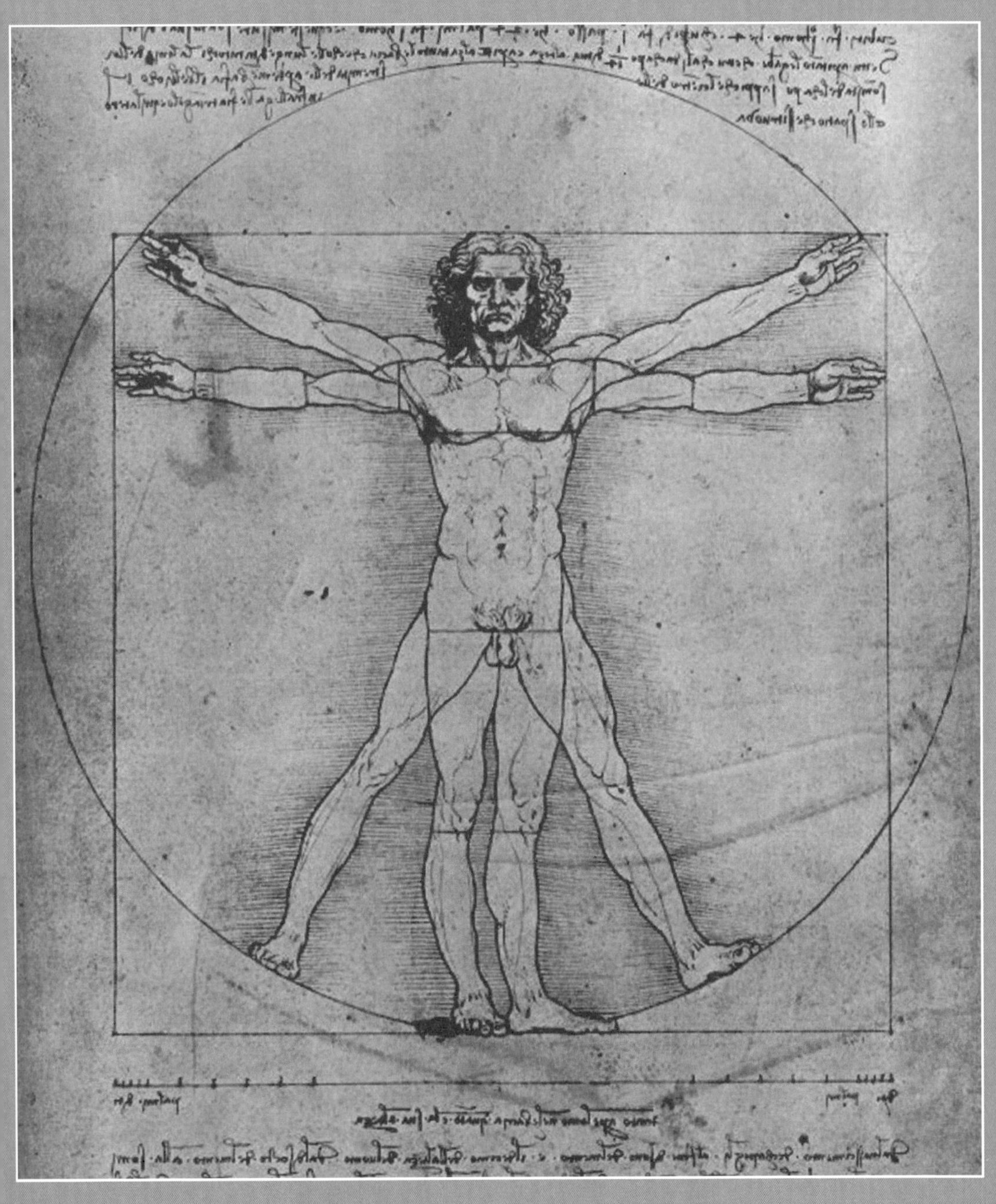

레오나르도 다빈치의 인체비례_ 오래전부터 사람들은 마음, 즉 영혼을 담는 그릇을 육체라고 생각했습니다. 18세기 들어 영혼이 우리 육체의 일부인 머리에 존재하리란 믿음이 생겨났고 골상학이란 유사과학까지 탄생하기에 이릅니다.

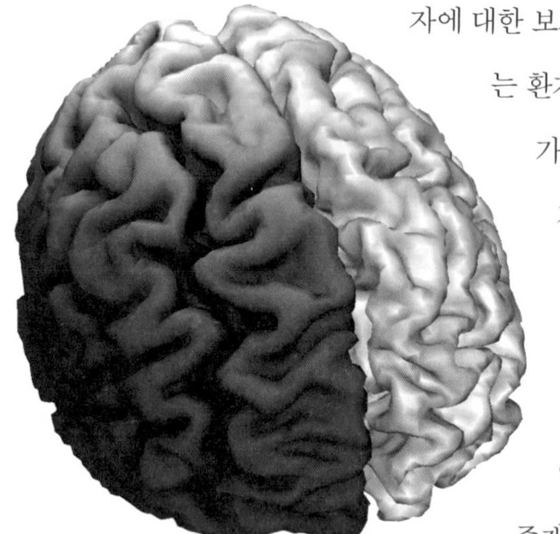

뇌는 크게 좌뇌와 우뇌로 구분할 수 있는데 좌뇌는 수리력, 사고력을, 우뇌는 감정과 창조성을 주로 담당한다고 알려져 있습니다.

자에 대한 보고서를 발표합니다. 이 보고서에서 그는 환자의 상처 부위에 물을 뿌렸더니 환자가 정신을 잃었고, 다시 이 물을 뽑아내자 환자가 의식을 되찾았다는 실험 결과를 발표합니다. 그는 이 실험을 통해 '영혼이 기능을 발휘하는' 부위를 발견했다고 주장한 것이죠. 이로 인해 사람들은 이후 마음과 뇌가 따로 존재하는 것이 아니라 그 둘이 어떤 방식으로든 서로 관련이 있다고 생각하게 되었답니다. 그러나 그의 실험은 지금 생각해보면 정말로 무식하고 환자를 전혀 배려해주지 않는 실험이었습니다. 그가 현재에 살았다면 아마도 인권 모독으로 고소당했을지도 모릅니다. 그럼에도 불구하고 페로니의 실험은 인간의 마음이 독립적인 존재가 아니라 뇌와 매우 밀접한 관계가 있는, 즉 뇌 그 자체가 마음과 영혼을 구성하는 존재라는 것을 어렴풋이나마 인식하게 해주는 계기가 되었습니다.

이 결과를 바탕으로 사람들은 본격적으로 뇌에 대해 흥미를 느끼고 그 기능에 대해서 탐구를 시작하게 되는데, 여기서 탄생한 것 중 하나가 19세기를 풍미했던 유사과학, 골상학이랍니다.

골상학이란 무엇인가

골상학은 간단히 말하자면, 인간의 마음을 지배하는 곳이 머리이므로, 머리를 구성하는 두개골의 구조를 파악하면 인간의 성격이나 정신적 능력을 측정할 수 있다고 생각하는 학문입니다. 우리의 마음과 생각은 대뇌의 뇌세포들의 프로세스와 정보교환을 통해 이루어진다는 생각은 맞지만, 여기서 잘못된 것은 '뇌가 아닌 두개골을 시각적으로 측정하여 그런 기능을 담당하는 위치를 알 수 있다' 라는 가정입니다.

이런 생각은 지금의 관점에서 보면 허무맹랑한 소리지만, 당시에는 꽤나 그럴듯한 이론으로 받아들여져, 두개골을 계측한다는 의미의 두개계측학craniometry이라는 학문으로 명명되기도 했답니다.

골상학을 주장한 대표적인 사람은 독일의 의사 프란츠-조셉 갈Franz-Joseph Gall, 1758~1828입니다. 그는 인간의 뇌에는 약 28개의 '기관'이 있으며, 이것들은 두개골의 형성에 영향을 주기 때문에 두개골을 자세히 관찰하면 그 사람을 파악할 수 있다고 주장했답니다. 즉, 쉽게 말해서 살인범의 뇌에는 '살인기관' 이 존재하기 때문에 그 부위가 튀어나와 있어서 두개골을 아주 자세히 관측하면 그 부위를 알 수 있어서 살인범을 가려낼 수 있다는 주장이죠. 이 주장은 라마르크De Lamarck, 1744~1829의 용불용설에 의한 것으로, 뇌의 기관 중에도 자주 쓰는 것은 커지고, 그렇지 않으면 줄어들므로, 두개골 역시 그것에 대응하여 솟아오르거나 함몰하거나 할 것이라고 생각했

메텔의 골상에 관한 고찰

골상이란 두개골 골격에 나타난 길흉화복吉凶禍福의 상相을 말합니다.
역사책에 나오는 '반골'이라는 말도 임금에게 반역할 골격을 말하는 것입니다.
이처럼 머리 모양만으로 한 사람의 일생이나 성향을
파악하는 것이 가능할까요? 생각해보세요.

던 것입니다. 따라서 이러한 두개골의 올록볼록한 모양은 그 사람이 어떤 생각을 많이 하고, 어떤 종류의 지적 사고를 했는지 특징지어준다고 생각한 것이죠.

잠깐 용불용설用不用說에 대해 설명해볼까요.

프랑스 생물학자 라마르크가 주장한 진화론에 대한 설명인 용불용설은 동물의 기관 중에서 사용빈도가 높은 유용한 기관은 발달하고 사용하지 않는 기관은 퇴화한다는 이론입니다. 예를 들면 박찬호 선수의 경우 오른팔이 왼팔보다 3cm 정도 더 길다고 하는데, 이는 그가 오른손잡이 투수로 오른손을 왼손보다 훨씬 더 많이 사용하기 때문에 생겨난 현상입니다. 이렇게 태어난 이후 훈련과 경험의 반복으로 얻어진 형질을 획득형질이라고 하는데, 라마르크는 이런 획득형질이 유전된다고 주장했습니다. 그러나 안타깝게도 현재는 획득형질은 유전되지 않는다는 이론이 대세입니다.

그러나 허무맹랑한 것같이 보이는 골상학에도 의의는 있습니다. 바로 인간의 뇌가 성격이나 정서, 지각, 지성 등의 근원이며, 뇌의 위치에 의해서 담당하는 정신 기능이 다르다는 생각을 했다는 점입니다. 물론 뇌의 위치에 따라서 서로 다른 기능을 담당하는 것은 맞는 이야기입니다. 좌뇌는 수리적 능력과 연관이 있고, 우뇌는 언어 능력과 창조적인 활동과 관계가 있다는 것이 정설로 받아들여지고 있습니다. 그러나 문제는 뇌의 기능적 차이를 눈에 보이는 두개골의 차이에 대입한 것입니다. 뇌의 어느 부분이 발달하든 그것이 두개골의 모양에까지 영향을 미치지는 않습니다. 인간의 정신을 조정하는 부위가 '뇌' 라는 골상학의 발상이 틀린 것은 아니지만, 인과관계가 부족한 결과를 주장한 것이 문제였던 것이죠.

그러나 19세기에는 이런 이론이 진실로 받아들여져 체계적으로 정리까지 되어서 범죄자들에게는 '범죄인 상相' 이 있어서 얼굴만 봐도 알 수 있으며, 심지어 이 특징들은 유전되기도 한다고 믿는 사람들조차 있었습니다. 게다가 상당히 많은 지식인들조차 골상학, 그리고 나아가 우생학을 적극적으로 받아들이게 되는 결과를 가져오기도 했습니다.

유사과학의 무서움과 염색체연구

골상학이 유행하자 점점 광적으로 변해가는 사람들이 나타났습니다. 그들은 사회에서 지탄받고 죽어 마땅한 흉악한 범죄자가 자신과 같은 사람이라는 사실을 받아들이기 싫었던 모양입니다. 그리하여 그들과 자신들이 다르다는 것을 밝히는 데 점점 흥분하게 됐습니다. 유전적으로 '악의 피' 를 타고났기 때문에 범죄자가 되었고, 그들의 피는 '범죄자의 성향을 가진 더러운 피' 이기 때문에 우리 가문에, 우리 집단에 소속될 수 없으며, 그들과 혈연이 섞이는 것을 방지하여 '순수하고 고귀한 혈통' 을 이어가자는 생각이 퍼지게 됩니다.

이는 신분질서가 무너지고 귀족과 평민의 상명하복의 수직 질서가 붕괴되는 19세기에 사람들은 이제 '과학' 이라는 새로운 종교의 힘을 빌려 또 다른 특권집단의 권력을 누리려는 시도를 한 것이 아닌가 하는 생각이 듭니다. 과거의 좋은 가문의 고귀한 혈통 개념을 순도 높은 우성 유전자를 지닌 가계로 대치시키게 된 것이죠. 유전은 인간의 힘으론 어찌할 수 없는 일이기에 모든 것을 운명으로 돌리고, 어떤 이는 자신은 더러운 범죄자와는 다른 선택된 자식이라는 확신을 가지고 살아가며, 때로 어떤 이는 자신이 어두운 악의 씨앗을 품고 태어난 죄의 결과물로서 어두운 숙명을 지고 살아가도록 운명지워진 것을 알게 됩니다. 이는 운명이란 자신이 개척하는 것이 아니라, '하늘이 내려준 것' 이라는 생각을 가지게 해 사회의 온갖 부조리를 그대로 받아들이게 하는 편리한 기제로 작용할 수 있습니다.

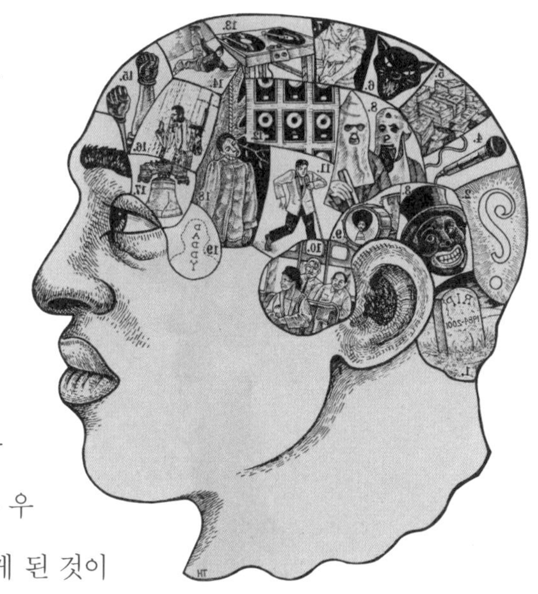

염색체연구와 우생학 _ 염색체연구에도 빛과 어둠이 존재합니다. 우리는 현재 염색체연구를 통해 다양한 질병인자를 발견해 치료법을 개발하고 있습니다. 하지만 한편에서는 이 결과가 오히려 '유전자 우생학' 을 뒷받침하는 근거로 사용될 수 있음을 우려하기도 합니다.

이런 점에서 이런 골상학뿐 아니라, 생명과학의 발달과 함께 알게 된 염색체의 존재에 대한 염색체연구chromosome research 역시 우생학적 차별의 근거로 악용되기도 했습니다. 사람들은 범죄자들을 자신과 전혀 다른 존재라고 생각하기 때문에 유전적인 문제나 외

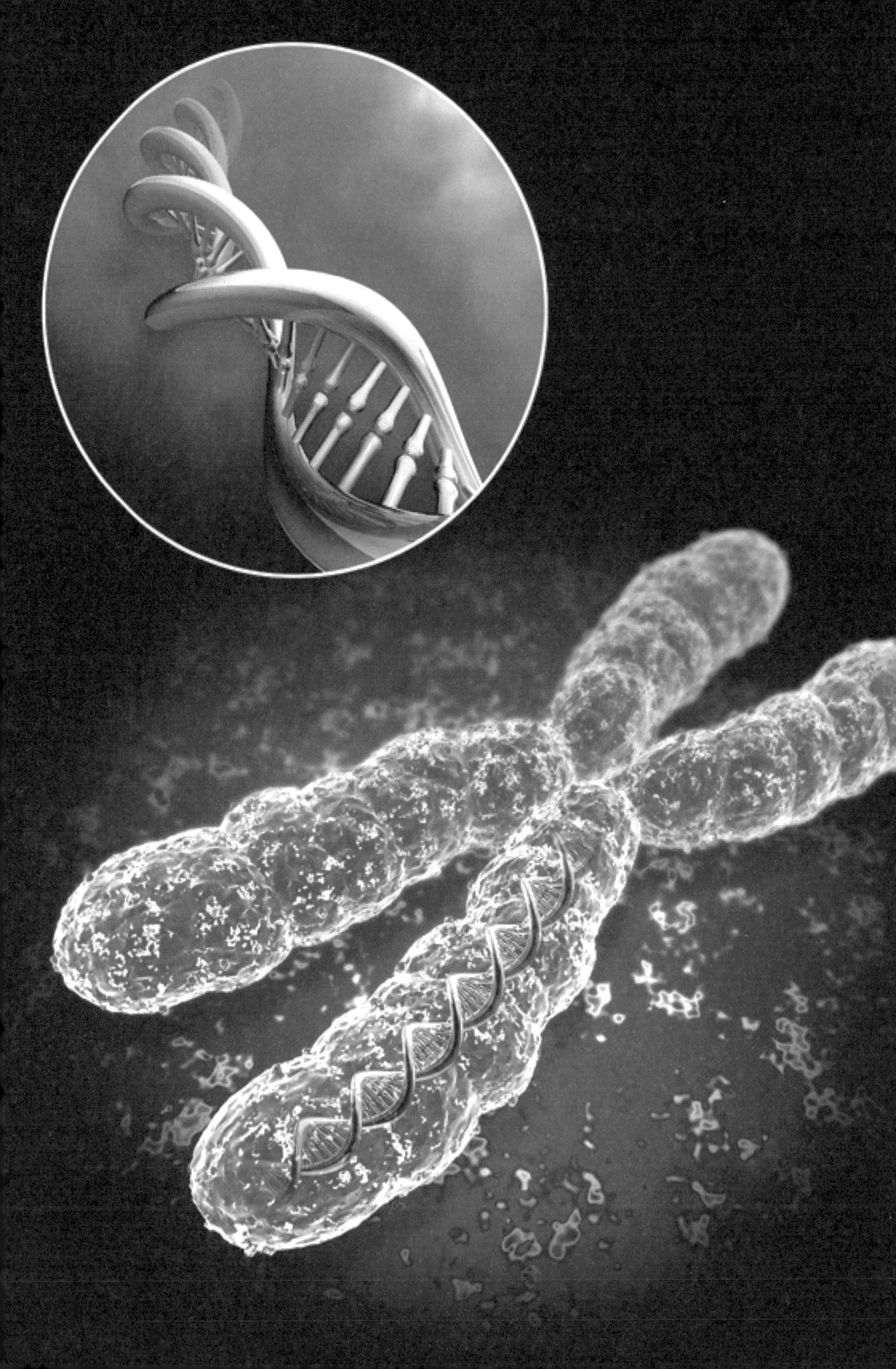

모 등의 특징을 들어 이들을 정상적인 사람들과 구분하려는 시도에 쉽게 솔깃해집니다(이에 대한 일화는 Science Episode를 참조하세요). 골상학은 이런 사람들의 심리를 교묘히 파고들어 수많은 차별과 편견을 만들어놓고 사라진 학문입니다.

비단 골상학만이 아니더라도 이런 사이비과학, 즉 유사과학일수록 사람들을 현혹시키기 쉽습니다. 사람들은 눈앞에 보이고 그럴듯하며 믿고 싶은 사실만을 믿으려 하는 경향이 있으니까요. 이런 경향은 현재에도 이어져서 O형은 성격이 급하고, A형은 꼼꼼하며, 흑인들은 게으르고 동양인들은 계산적이고 우울하다는 말들을 우리는 아무렇지도 않게 하고 있습니다. 이런 이야기들은 전적으로 개인적이고 편협적인 시각에 따른 결과인데도, 언뜻 이성적이고 객관적인 것처럼 보이는 증거들을 들먹이고 사람들의 지적 허영심에 대한 맹목적인 복종을 이용하여 사람들을 현혹합니다. 그러나 그것에 대해 과학적으로 정확하고도 객관적인 증거는 없습니다. 그것이 바로 유사과학의 특징이랍니다. 여러분들은 그런 거짓된 현혹에 속는 일은 없으시겠죠?

피니어스 게이지 사건을 통해 본 뇌와 영혼의 관계

그러나 이러한 인식의 혼란 속에서도 한쪽에서는 사람들의 생각이 조금씩 깨이고 있기 마련이었죠. 1848년에 일어난 피니어스 게

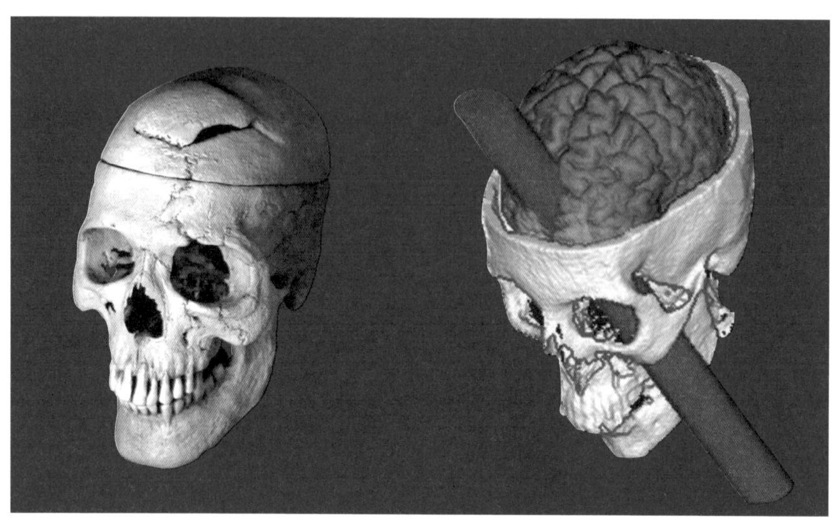

피니어스 게이지의 뇌를 관통한 말뚝_ 말뚝은 게이지의 대뇌 전두엽 하단과 변연계에 심한 손상을 입혔습니다. 번연계는 공포와 분노, 증오와 쾌락 같은 감정을 담당하는 부위로 여기에 손상을 입은 게이지는 자신의 감정을 주체하지 못했던 것입니다. 게다가 이성적 사고를 하는 대뇌 전두엽까지 손상을 입었으니 더욱 그의 성격은 걷잡을 수 없었을 것입니다.

이지Phineas P.Gage 사건은 게이지 개인에게는 엄청나게 불행한 사건이었지만, 훗날 사람들이 뇌와 정신, 뇌와 마음, 뇌와 영혼의 상관관계에 대해 커다란 실마리를 남겨주게 된 사건입니다.

1848년 9월 13일, 당시 한창 붐이 일던 철도 건설 현장에서 현장 주임으로 일하던 25세의 게이지는 폭발 사고로 커다란 말뚝이 머리를 꿰뚫는 부상을 입게 됩니다. 길이 110cm, 무게 6kg, 직경 3cm가 넘는 쇠말뚝이 그의 왼쪽 광대뼈 부근부터 그대로 머리를 관통해버리는 아주 끔찍한 사고였죠.

상처가 너무도 처참했기에 처음에 사람들은 누구도 게이지가 살아날 것이라는 생각을 하지 않았습니다. 그러나 게이지는 비록 한쪽 눈의 시력을 잃기는 했지만 기적적으로 되살아났습니다. 사람들은 모두 게이지가 천운을 타고났다고 기뻐했는데, 문제는 이후에 일어났지요.

사고 전의 게이지는 온화하고 예의 바른 사람이었습니다. 그러나 머리를 심하게 다치고 난 후 그는 변덕스럽고 폭력적이고 고집 센 심술쟁이가 되어버리고 말았습니다. 그는 이전과 완전히 다른 사람이 되었고, 도저히 다른 사람들과 일을 할 수 없는 지경에까지 이르렀습니다. 과연 착하고 순하던 게이지를 이토록 변화시킨 힘은 무엇이었을까요?

게이지의 놀라운 기적과 더 놀라운 인성의 변화를 지켜보았던 의사는 그의 가족을 설득해서 그의 사후 두개골을 의학 연구에 기증하도록 설득했고, 그의 두개골과 그의 머리를 관통했던 쇠말뚝은 현재 하버드대학교의 '하버드 의과대학 카운트웨이 도서관Harvard's Countway Library of Medicine'에 전시되어 있답니다. 게이지의 이 불행한 사건은 사람의 정신 혹은 영혼이 심장이 아니라 머릿속에 있는 것이며, 뇌를 다치는 경우 이전과는 정신적으로 전혀 다른 사람이 될 수도 있다는 가능성을 어렴풋하게 깨닫게 해준 일대의 사건이었습니다.

게이지의 사건이 일어나고, 130여 년이나 지난 후, 아이오와대학교의 안토니오 다마지오Antonio Damasio교수는 이 사건을 과학적으로 분석하여 게이지가 사고 이후 다른 사람이 된 원인을 밝혀냈습니다. 컴퓨터 시뮬레이션 결과 게이지는 말뚝에 의해 좌뇌의 전두엽

부분과 번연계의 손상으로 인해 성격이 변화했을 것이라는 가능성을 내놓았지요. 실제로 뇌종양이나 다른 사고로 전두엽 부위에 손상을 입은 환자들은 기억과 계산 등의 정신 활동에는 문제가 없으나 타인과 잘 어울리지 못하고, 자신의 행동이 주변 사람들과의 관계에서 어떻게 비춰지게 될지를 예측하는 능력이 부족해서 반사회적인 행동을 자주 하게 된다고 합니다.

인간 본성을 찾아낼 콜럼버스는 누구일까

이제 많은 사람들은 인간의 정신 활동이 신경세포들의 다양한 시냅스(신경세포와 신경세포 사이, 혹은 신경세포와 기타 세포와의 접합부)의 구성에 따른 것이며, 신경세포의 손상은 신체 활동과 감각뿐 아니라, 정신적인 능력의 손실로 이어진다는 사실을 받아들이고 있습니다. 또한 뇌의 각 부분이 어떤 인지 기능을 담당하는지, 어떤 충격이 뇌를 파괴하는지, 어떤 과정으로 치매가 일어나는지를 알고, 외부의 충격으로부터 손상을 입은 뇌를 원상복구

뇌 들여다보기_ 이 작은 뇌 속에 우리의 본질이 들어 있다니 신기하기만 합니다.

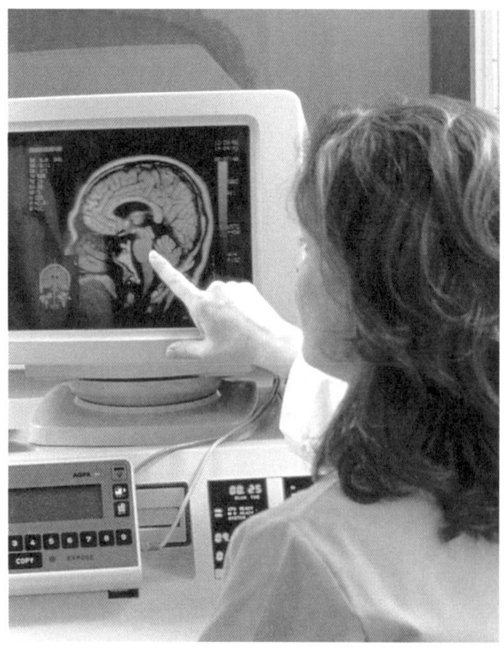

하기 위한 연구도 많이 하고 있습니다.

그러나 아직 우리는 우리 뇌에 대해서 알지 못하는 부분이 많습니다. 우리는 애초에 왜 인간의 뇌가 다른 동물들의 뇌와는 달리 '인식'을 가지게 되었는지를 모릅니다. 왜 인간은 사후에 대한 개념을 가지며, 존재에 대한 의문을 갖는지 우리는 알지 못합니다.

뇌는 이제 인류에게 남겨진 마지막 신대륙이라 해도 좋을 것입니다. 수천 년 전부터, 아니 인간에게 '생각'할 수 있는 능력이 생긴 그 순간부터 인간은 어디에서 와서 어디로 가는지, 인간의 '본성'이란 과연 무엇인지에 대해 끊임없이 생각해왔습니다. 인간의 뇌에 대해 연구하는 것은 곧 인간의 본질에 대해 연구하는 것이기 때문에, 우리가 오랜 세월 동안 끊임없이 반문해왔던 '나는 누구인가?'라는 질문에 대한 해답을 찾아나가는 과정이 될 것입니다.

범죄자는 염색체부터 다르다?

야콥증후군 이야기

염색체 연구란 염색체를 조사해서 질병과 유전 이상뿐 아니라 범죄성향이나 정신까지 분석해낼 수 있다는 전제 하에 이루어진 연구를 말합니다. 1960년대 분자유전학이 발달하면서, 범죄자나 정신병 환자 등에 대하여 염색체상의 이상 유무를 점검해보는 방법이 시도되었습니다.

사람의 염색체는 정상인일 경우 22쌍의 상염색체와 1쌍의 성염색체로 이루어져 있어서 총 46개이고, 그 중 성염색체는 남자가 XY, 여자가 XX라는 건 기본 상식입니다. 그런데 때로는 생식세포의 감수분열시의 이상으로 염색체가 제대로 분리되지 않아, 성염색체가 XO(터너증후군, 여자)이거나 XXY(클라인펠터증후군, 남자)인 사람이 발견되었습니다. 그리고 이들에게는 다소간의 이상 증세도 나타남이 관찰되었습니다. 이에 대해 일부 사람들은 '유전자가 인간을 구성하는 지도라면, 그렇게 유전적으로 이상이 있는 사람들은 사회적인 행동에 있어서도 비정상적인 경향을 보이지 않겠는가?' 라는 생각을 하게 됩니다. 이런 가정하에 시도된 것이 1965년 영국의 정신과 의사인 제이콥스Patricia Jacobs의 조사입니다.

그는 교도소에 수감되어 있는 정신이상자와 범죄인들의 염색체를 분석한 결과 그들 중에 특이하게 XYY의 성염색체를 가진 자가 많은 것을 발견하였습니다. 이를 제이콥스의 이름을 따서 야콥증후군(제이콥스증후군)이라 하는데 이 결과로, 남성을 구별짓는 염색체가 하나 더 있으면 공격적이고 폭력적인

야콥증후군을 가진 사람의 성염색체_ 정상 남자라면 한 개 있어야 할 Y염색체가 두 개 보입니다.

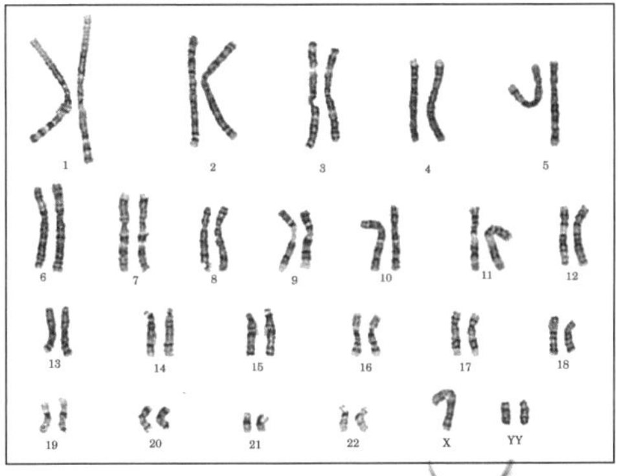

성향을 나타낸다고 결론짓고, 겉으로 정상으로 보이는 XYY 남성들에 대한 차별을 정당화시키는 근거가 되었습니다. 이것은 이후 1969년 캠브리지 심포지엄에서 너무 적은 수의 사람들을 대상으로 한, 우연하고도 성급한 결론이었다는 평결로 일단락되었지만, 그 파장은 커서 한동안 사람들은 XYY 남성들은 폭력적이고 범죄성향이 짙다고 믿는 원인이 되었습니다. 그러나 야콥증후군은 남성에게서 1/1,000의 빈도로 나타나는 비교적 흔한 유전 이상으로, 별다른 이상이 없어 대부분의 야콥증후군 환자들이 자신에게 야콥증후군이 있는 줄도 모른 채 살아갑니다.

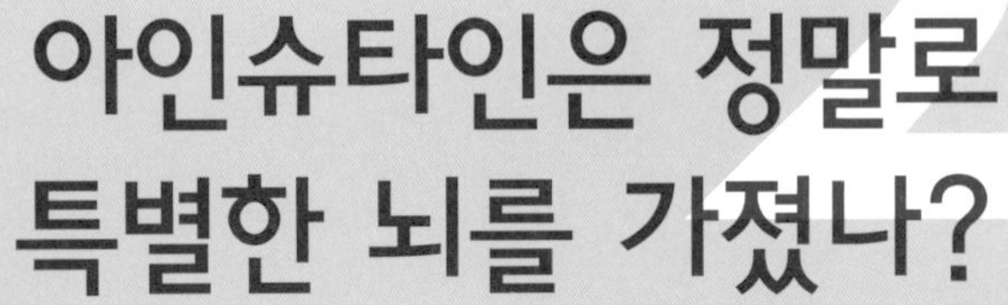

2 아인슈타인은 정말로 특별한 뇌를 가졌나?

_뇌 구조 다시 보기

우리 뇌는 매우 정교한 네트워크로 이루어진 집합체입니다. 수십억 개의 신경세포가 각자 가지를 뻗어 얽혀 있는 모양을 상상해보세요. 그들이 만들어낼 수 있는 경우의 수는 아마 상상할 수도 없는 숫자일 겁니다.

여기 한 젊은이가 있습니다. 그의 이름은 윌 헌팅. 가진 돈도 없고 가방 끈도 짧아 같은 또래의 친구들이 학문에 대한 열정을 불사르고 있는 MIT에서 청소부로 일하고 있습니다. 이런, 세상에 대한 불만은 또 어찌나 많은지 입에는 욕을 달고 살고, 걸핏하면 주먹질로 유치장 신세를 지는 한심한 인생입니다. 한마디로 마주치고 싶지 않은 녀석이지요.

어느 날 MIT에서는 까다롭고 점수 짜기로 유명한 램보 교수가 학생들에게 한 학기 내내 도전할 어려운 수학 문제를 복도에 걸린 칠판에 써놓습니다. 이 잘난 척하기 좋아하는 교수는 이 문제를 풀어낼 학생은 없을 거라고 생각했나 봅니다. 그런데 이게 어찌된 일일까요? 이 문제를 단 하룻밤 만에 풀어버린 학생이 있다니요. 게다가 한

학기 성적을 걸고 낸 문제에 이름도 써놓지 않고 간 학생이라니. 결국 램보 교수는 스스로 나타날 마음이 없는 이 숨겨진 수학 천재를 잡기 위해 더욱더 어려운 문제를 미끼로 사용하고, 보기 좋게 여기에 걸려든 천재를 잡아냅니다. 그런데 이런, 욕 잘하는 싸움꾼 윌 헌팅이 그 대단한 주인공이라니요.

—영화「굿 윌 헌팅」중에서

영화 속의 윌 헌팅(맷 데이먼)은 타고난 천재이지만, 불우한 가정환경 덕에 자신의 천재성을 썩히며 세상에 대해 적개심만을 표출하는 비뚤어진 청년입니다. 천재이기 때문에 더 많은 지식에 목말랐을 테고, 그 충족되지 않는 욕구는 가시 돋친 욕설과 분노의 주먹으로 표출되었던 것이지만, 그렇기에 자신의 천재성을 알아주고 자신을 이해해주는 사람 앞에서는 믿을 수 없을 만큼 뛰어난 능력을 발휘합니다. 우리는 흔히 천재란 배우지 않아도 알고, 평범한 사람이라면 절대 이해하지 못할 만큼 어려운 문제도 척척 풀어내는 사람으로 인식합니다. 즉, 천재는 우리 평범한 사람들과는 다른 부류라고 생각하지요. 천재의 눈에 비친 세상은 과연 얼마나 달라 보일까요?

영화「굿 윌 헌팅」포스터.

아인슈타인과 10% 신화

많은 사람들은 천재를 부러워하고, 자신이 혹은 자신의 아이가 천재적인 두뇌를 가지고 태어나면 얼마나 좋을까, 하며 바라기도 합니다. 그런 욕망이 과해서인지 머리를 좋게 한다는 수백 가지의 비법들이 난무하는데, 개중에는 꽤나 의미심장해 보이는 것들도 있는 것이 사실입니다. 그 중 하나가 '10% 해결The Ten-Percent Solution' 입니다. 이 '10% 해결' 이란 단어가 낯선가요? 그렇다면 혹시 이런 말은 들어 보셨나요? "사람은 평생 뇌세포의 10%밖에 쓰지 않는다. 따라서 잠들어 있는 뇌의 나머지 90%를 일깨울 수 있다면 누구나 천재가 될 수 있다."라는 이야기 말예요. '10% 해결' 은 때론 '10% 신화The Ten-Percent Myth' 라고도 불립니다. 이 이야기는 근거가 어떻든 일단 상당히 솔깃합니다. 이 이론에 의하면 내가 미적분학을 이해할 수 없는 것은 내 머리가 원래 나빠서가 아니라, 나는 가능성이 있는데 단지 그것을 개발하지 못했기 때문이 됩니다. 따라서 미적분학은 내게 있어 영영 이해할 수 없는 금단의 것이 아니라, 언젠가 나도 올바르게 뇌를 발달시키면 이해할 수 있는 영역이 되기 때문에 희망을 갖고 살아갈 수 있게 되는 것이고요. 그런데 정말 이것이 사실일까요?

희망을 깨뜨리는 것 같아 안 됐지만, 이 10%라는 수치적인 개념은 근거가 희박한 '설' 에 불과하다는 의견이 지배적입니다. 왜 하필 10%일까요? 어떤 사람의 머리를 열어보니(이 순간 이 사람은 살아있어야 합니다. 죽으면 뇌 활동이 정지될 테니까요. 그래서 요즘은 이런 실험을 할 때 직접 머리를 여는 것이 아니라 MRI를 이용합니다만) 그 속의 뇌세포 중에 10%만이 가동하고 있더라, 이랬을까요? 이 10% 신화를 주장하는 사람들이 가장 많이 연관짓는 것은 아인슈타인Albert Einstein, 1879~1955입니다. 아인슈타인에게 기자가 "당신은 어떻게 그렇게 천재적일 수 있습니까?"란 질문을 했더니 아인슈타인이 "모든 사람들은 일생 자신의 뇌를 10%밖에 쓰지 못합니다. 나는 단지 뇌의 15% 정도만을 썼을 뿐입니다."라고 대답했다는 이야기가 있었거든요. 초울트라 슈퍼 천재 아인슈타인이 한 말이라니, 사실 여부와 관계없이 그냥 믿어버리고 싶어집니다.

그러나 이 말은 실제 아인슈타인이 한 말이 아니라 아인슈타인의 사후에 있었던 그의 뇌 조직 해부 실험에서 발생된 오해라고 합니다. 아인슈타인은 1955년 4월 18일 미국 뉴저지 프린스턴 병원에서 76세의 나이로 세상을 떠났고, 그의 유언에 따라 병리학자 하비Thomas Harvey가 아인슈타인의 뇌를 끄집어내어 사진을 찍고는 이를 고이 보존했습니다. 이후 하비 외에도 여러 명의 연구자들이 이 천재의 뇌를 들여다보는 영광을 누렸는데, 이들이 밝혀낸 결과가 꽤 흥미롭습니다. 아인슈타인의 뇌는 오히려 남성들의 평균 뇌 무게인 1400g보다도 작은 1230g에 불과했으며, 대뇌피질도 더 얇고 뇌의 주름도 더 얕게 패여 있었거든요. 물론 나이가 들면 뇌세포가 파괴되어 뇌가 줄어드는 경향이 있으니까 뇌가 작다는 것은 아인슈타인이 사망 시 70대의 노인이었다는 것을 감안해야 합니다. 하지

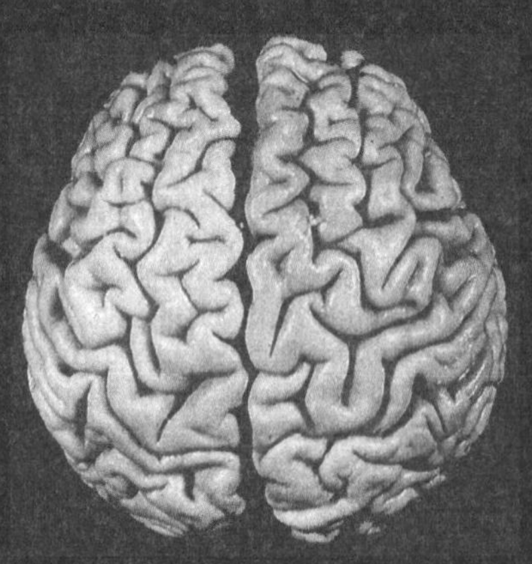

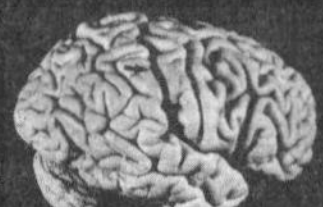

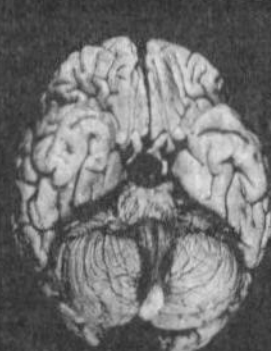

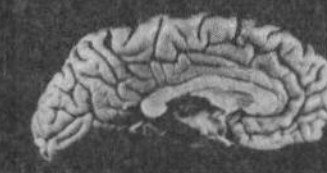

아인슈타인과 뇌_ 1955년 아인슈타인이 숨진 후 해부를 담당했던 병리학자 토마스 하비는 유족의 동의를 받아 그의 뇌를 분석했습니다. 그 중 일부는 세계에서 가장 많은 뇌 표본을 갖고 있는 맥마스터 연구팀에 보내져 비교연구가 이뤄졌다고 하네요.

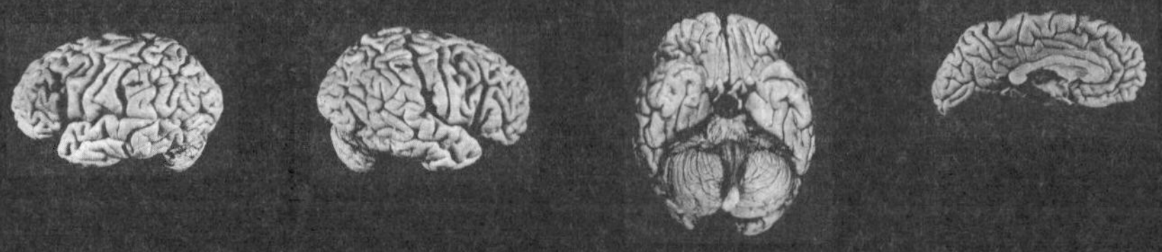

만 그렇다 하더라도 뇌의 모양 자체는 아인슈타인의 뇌라고 해서 특별할 것이 별로 없었다고 합니다. 천재의 뇌가 일반인의 뇌와 별반 다르지 않다니 실망이신가요? 다만 한 가지 아인슈타인 뇌에서 특이할 만한 것은 두정엽의 크기가 일반인보다 15% 정도 컸다는 것이었습니다.

두정엽parietal lobe은 정수리 꼭대기에서 뒤통수 쪽, 즉 뒷머리의 위쪽 부분에 위치하는 부위입니다. 두정엽은 지각 및 감각의 인지, 인식 기능을 담당하는데 그 중에서도 수학이나 물리학에서 필요한 입체, 공간적 사고와 인식 기능 계산 및 연상 기능 등을 수행하는 부위로 알려져 있습니다. 한국뇌학회 회장이자 서울대 의대 교수인 서유헌 교수의 말에 의하면 퍼즐게임, 도형맞추기, 관련 숫자 및 언어맞추기 등과 같은 교육을 통해 이 부위를 발달시킬 수 있으며, 이로 인해 사고 능력의 향상이 가능하다고 합니다. 이 부위를 다치면 인지력이 떨어지고 좌우구별뿐 아니라 시간과 공간의 구별을 하지 못하게 되지요. 어쨌든 아인슈타인의 두정엽의 크기 때문에 논란이 조금 있었습니다. 두정엽은 논리적 사고를 담당하는 부위여서 이 부분이 크다는 것은 논리적인 사고 능력이 뛰어나다는 것과 연관성이 있지 않느냐는 의문이 제기된 것입니다. 그러나 이후, 평범한 다른 사람들의 뇌와 비교했을 때, 이 부위의 크기와 지능의 명확한 상관관계는 밝혀내지 못한 것으로 알고 있습니다. 두정엽에서 논리적 사고를 행하는 것은 사실이지만 그렇다고 이 부위가

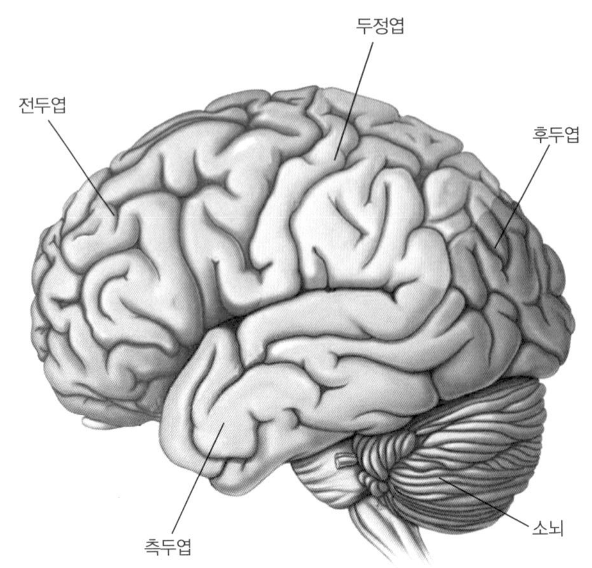

전두엽_ 생각, 계획, 생각과 판단에 따른 몸움직임을 담당.
두정엽_ 체감각의 지각, 시지각과 체감각 정보를 통합.
측두엽_ 언어 기능, 청지각 처리, 장기기억과 정서 담당.
후두엽_ 시지각의 처리, 시각인식.

반드시 물리적으로 클 필요는 없다는 것이죠. 그리고 이 관찰에서 나온 '아인슈타인의 두정엽은 보통 사람의 평균보다 15% 크더라' 라는 것이 후에 '아인슈타인조차도 뇌의 15%밖에 쓰지 못했다더라' 라는 이야기로 와전된 것으로 보입니다.

다시 한번 말하지만, 아인슈타인이든 일반 사람이든 뇌를 10% 내지 15%만 쓰고 사는 것은 아니랍니다. 뇌는 특정 부위마다 맡은 기능이 달라서 조금 다치더라도 생명에는 이상이 없고 별다른 후유증도 발생하지 않는 부위가 있는가 하면, 아주 조금만 다쳐도 바로 죽을 수 있는 부위도 있습니다. 이는 다친 부위의 뇌가 관장하는 영역이 어디냐에 따른 것으로 우리가 10%의 뇌만을 쓰기 때문에 쓰지 않는 부위는 다쳐도 상관없다는 의미는 절대 아니랍니다.

뇌를 이루는 기본, 뇌세포

여러분이 지금 이 책을 읽는 동안 여러분의 뇌 속의 수많은 뇌세포들은 부지런히 일을 하고 있을 겁니다. 책을 읽는 동안 눈에 들어온 시각 정보를 처리해야 하고, 글자들의 모양을 파악해 그 의미를 맞춰서 이해하는 과정에도 뇌세포는 동원됩니다. 또한 책을 읽으면서도 숨은 쉬어야 하고 심장은 뛰어야 하며, 거기다가 체온유지, 소화 및 흡수, 혈액순환, 노폐물 거르는 일은 빠짐없이 일어나야 하기 때문에 이런 부위를 관장하는 뇌세포들은 한시도 쉬지 않고 일을 해야 한답니다. 이런 뇌세포들의 유기적 연결이 제대로 이루어지지 않는다면 책상 앞에 앉아 책을 읽는 '간단한' 것도 우리는 할 수 없습니다.

그렇다면 이런 행동을 지휘하고 통제하는 우리 뇌는 어떻게 이루어져 있을까요? 그 속에 도대체 뇌세포는 몇 개나 있어서 이런 활동들을 모두 관장하고 통제하는 것일까요? 여러 가지 책을 살펴보면 우리 뇌에는 뇌세포가 약 100억 개에서 1000억 개까지 존재한다고 하지요. 물론 이런 어마어마한 숫자를 하나하나 세어본 것은 아닐 것입니다. 이 숫자는 뇌의 아주 작은 조각을 잘라서 그 안의 세포를 세고 전체의 면적을 곱해서 얻은 숫자니까, 오차가 나는 것은 인정해야지요. 어쨌든 뇌세포의 수는 우리가 상상하는 것 이상으로 많습니다.

이런 뇌세포들은 크게 두 가지로 나눌 수 있습니다. 우리가 교과

아인슈타인의 뇌

뇌가 크면 똑똑할까요?
그렇다면 인간의 뇌보다 5~6배 더 큰 고래가 더 똑똑한 게 아닐까요?
통상적으로 그렇지는 않다고 합니다.
뇌의 신비를 프랑켄슈타인은 미처 몰랐던 모양입니다.

서에서 배운 신경세포[neuron]와 신경세포를 지지해주고 기능을 도와주는 교세포[glial cell]가 있습니다. 정작 우리가 신경계의 전부인 것처럼 알고 있는 신경세포는 신경 전체의 10% 미만일 정도로 뇌의 대부분은 교세포가 차지합니다. 마치 무대에서 스포트라이트를 받는 스타는 한 사람뿐이지만, 그 뒤에는 그가 거기에 있는 것을 가능하게 하는 수많은 스태프가 존재하는 것처럼 말이죠. 교세포는 신경세포에게 있어서 충실한 지지자 역할을 모두 수행합니다.

중추신경에서 이 교세포는 성상세포[astrocyte], 희돌기세포[oligodendrocyte], 미세교세포[microglia] 등으로 구성되어서 신경세포에 영양분을 전달하고 지지하고 보호하는 일을 하고 있습니다. 성상[星狀]세포라는 말은 세포가 별 모양을 닮았다고 해서 이름이 astro(별) + cyte(세포)입니다. 희돌기세포 또한 oligo(적은)+dendro(돌기, 튀어나온)+cyte의 합성어라고 해요. 이처럼 뇌세포는 귀찮은 일들은 모두 교세포가 떠맡고 신경세포는 정말 본연의 임무인 신경 신호 전달에만 신경 쓰면 되도록 매우 조직화되어 있는 것이죠.

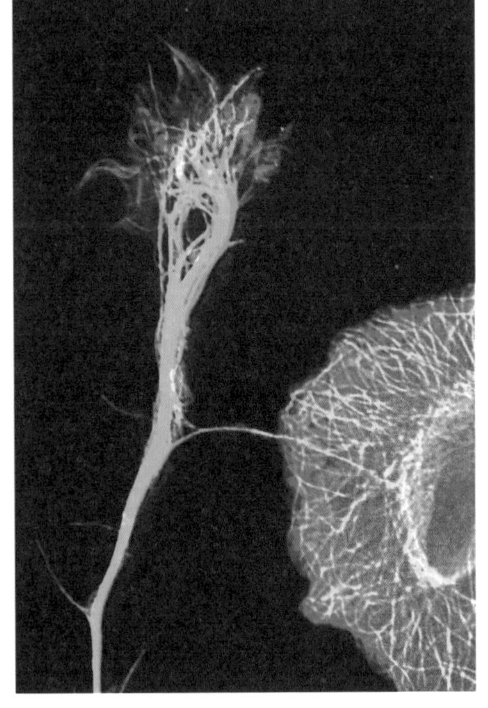

현미경으로 살펴본 교세포_ 신경계는 신경세포와 교세포로 이루어져 있습니다. 신경세포는 신경신호를 전달하고 교세포는 신경을 지지하거나 신호전달을 돕습니다.

신경세포의 모양은 아마 생물 시간

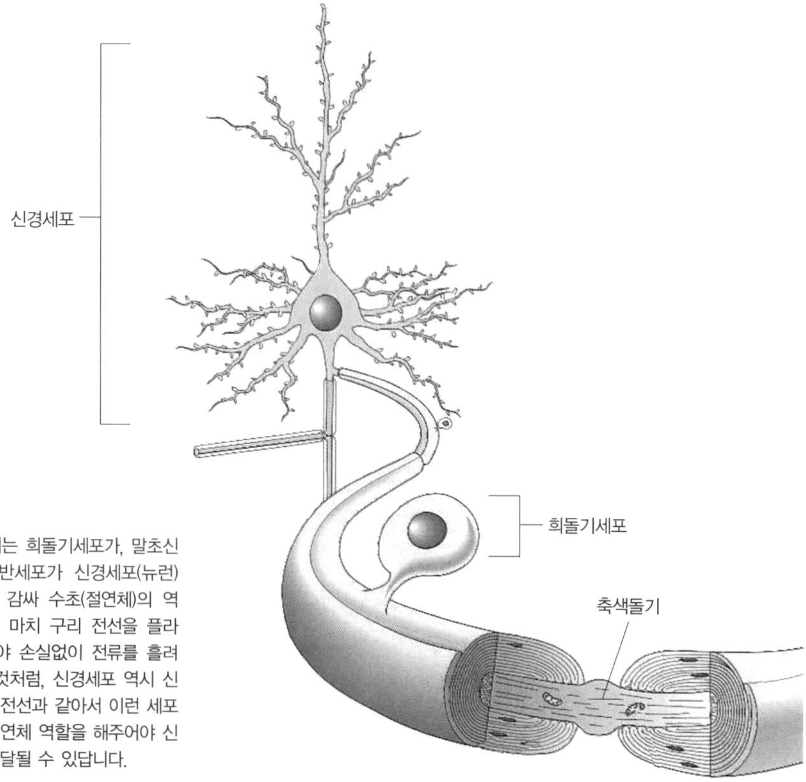

신경세포

희돌기세포

축색돌기

중추신경계에서는 희돌기세포가, 말초신경계에서는 슈반세포가 신경세포(뉴런)의 축색돌기를 감싸 수초(절연체)의 역할을 한답니다. 마치 구리 전선을 플라스틱으로 감아야 손실없이 전류를 흘려보낼 수 있는 것처럼, 신경세포 역시 신호전달을 하는 전선과 같아서 이런 세포들이 감싸서 절연체 역할을 해주어야 신호가 제대로 전달될 수 있답니다.

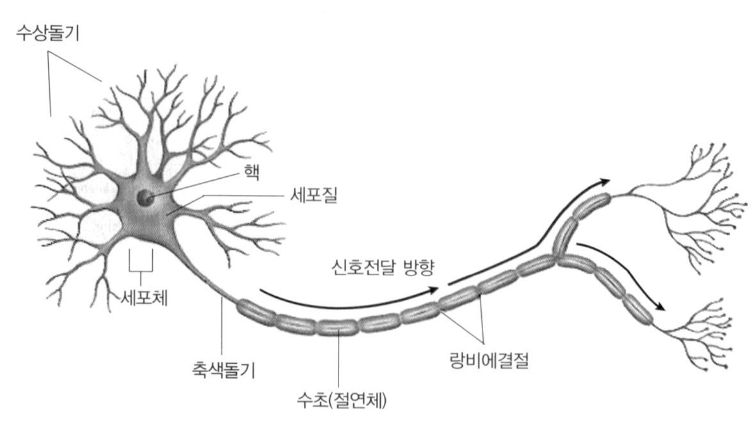

신경세포의 구조.

에 배웠을 테죠? 신경세포체soma를 중심으로 길게 뻗은 하나의 축색돌기axon와 머리카락을 풀어헤친 듯한 수상돌기dendrite로 구성되어 있는 특이한 모양을 가진 세포입니다. 수상돌기가 각종 정보를 수집하면 신경세포체가 정보를 모아서 처리하고 축색돌기가 다음 신경세포나 다른 곳으로 정보를 방출하는 구조로 되어 있지요. 신경계에서는 이런 신경세포들이 여러 개가 하나의 서킷을 이루며 존재한답니다.

자, 이렇게 신경세포들이 정보를 전달한다면, 그들 사이의 연결이 무척 중요하겠죠? 신경세포와 신경세포가 연결되는 부위를 시냅스synapse라고 부르죠. 뇌의 발생 과정을 보면 임신 초기의 배아기embryo development 중 신경형성기neurulation에 수많은 신경세포가 생겨났다가 차츰 그 수가 줄어드는 것을 볼 수 있습니다.

신경세포의 재생은 불가능한가

보통 완전한 뇌에 존재하는 신경세포 숫자의 배 이상이 발생 초기에 생겼다가 사라집니다. 신경세포는 신호전달이 목적이자 존재 이유이기 때문에 다른 세포와 제대로 연결되지 않으면 존재 의미가 없습니다. 따라서 초기에 다량으로 생긴 신경세포들은 저마다 아직 축색돌기와 수상돌기가 명확하지 않은 초기상태의 뉴라이트neurite들을 마구 뻗어서 서로서로 맞는 짝을 찾다가 제대로 기능할 수 있는 시냅스를 형성한 녀석들만 살아남고, 나머지는 죽는 과정을 거칩니다. 마치 나무의 가지치기 과정처럼 말예요. 일단 많이 만들어서 쓸모있는 놈만 남기고 나머지는 없앤다는 전략이 얼핏 비효율적으로 보일 수도 있겠지만, 최선의 선택을 위해서는 치열한 경쟁을 뚫고 살아남을 것을 요구하는 자연의 비정한 생태를 신경계는 잘 반영하고 있다고 하겠습니다.

이들의 경쟁은 폭발적으로 시작해서 짧은 시간에 결판난 이후에는 되돌릴 수가 없습니다. 신경세포는, 특히 중추신경(뇌와 척수)은 일단 만들어져 솎아지고 나면 일부의 예외를 제외하고는 더 이상 분열하지 않기 때문에 중간에 사고로 다치거나 없어지면 원래대로 돌아오는 것이 거의 불가능합니다. 사고로 신경을 다친 클론의 전 멤버 강원래 씨가 오랜 기간의 치료와 노력에도 불구하고 일어서지 못하는 것은 재생되지 않는 중추신경의 특성 때문이지요. 따라서 태아와 유아기 때의 뇌세포의 연결고리 형성은 매우 중요합니다.

그렇다면 우리 몸을 유지하는 데 이렇게 중요한 신경계가 왜 재생되지 않는 시스템으로 진화해왔을까요?

오랫동안 학자들은 골머리를 앓아왔습니다. 왜 다른 기관들은 어느 정도까지는 재생 능력이 있는데 가장 중요한 뇌세포는 재생하지 않는 걸까요? 사람의 내장기관 중 재생 능력이 가장 뛰어난 것은 간입니다. 건강한 사람의 경우 간의 절반 정도를 잘라내도 다시 원래대로 재생되는 것이 관찰되었습니다. 따라서 간은 한 개밖에 없는 기관이면서도 살아 있는 사람에게서 일부를 떼어내어 다른 사람에게 이식하는 것이 가능합니다. 이런 것을 '생체간이식'이라고 하지요. 그런데 왜 뇌는 재생이 안 되는 걸까요?

학자들은 두 가지 가능성을 가지고 실험을 하기 시작했습니다. 뇌세포는 정말 더 이상 분열하지 않는 세포라는 가능성과 분열할 능력은 있지만 여러 가지 조건상 분열이 제한되어 있는 것이라는 가능성이죠. 그 동안의 연구 결과에 따르면 뇌세포는 후자의 조건을 가지고 있다는 것이 밝혀졌습니다. 관찰 결과 신경세포가 상처를 입으면 주변을 둘러싸고 있는 교세포들이 신경세포의 재생을 막는 방해물들을 내어 재생을 막는다는 것이 밝혀졌습니다. 실험실에서 신경세포 하나만을 꺼내서 일부러 상처를 입힌 뒤, 방해물질과의 접촉을 막고, 신경세포 성장을 도와주는 물질들을 처리해 주면 재생하는 것이 관찰되었거든요.

뇌세포 재생 속에 숨은 의미

그렇다면 왜 우리의 뇌는 원래 재생력이 없는 것도 아니면서 이러한 여러 가지 방해공작을 써서 신경세포의 분열과 재생을 막도록 진화해온 것일까요? 교세포들은 왜 평소에는 신경세포를 위해 몸 바쳐 일하다가 정작 신경세포가 다쳐서 도움이 필요할 때에는 매몰차게 죽도록 몰아붙이는 걸까요? 이걸 이해하기 위해서는 먼저 뇌가 왜 존재하는지부터 생각해봐야 합니다. 신경계란 우리 몸의 다른 기관들을 조절하는 기능을 하는 조직입니다. 즉, 신경세포들은 조직 속에 있을 때에만 의미가 있는 것이지 그 자체로는 음식을 소화시키지도, 혈액을 순환시키지도 못합니다. 신경세포는 다른 기관들과 '제대로' 연결될 때에만 의미 있는 것입니다.

이렇게 생각하면 우리 뇌는 매우 정교한 네트워크로 이루어진 집합체입니다. 수십억 개의 신경세포가 각자 가지를 뻗어 얽혀 있는 모양을 상상해보세요. 그들이 만들어낼 수 있는 경우의 수는 몇 가지나 될까요? 아마 상상할 수도 없는 숫자일 겁니다.

예를 들어 우리가 '미국의 수도는 워싱턴이다' 라는 것을 학교에서 배워 이를 뇌세포에 기억시킨다는 것은 '미국의 수도는 워싱턴' 이라는 것을 신경세포의 회로에 저장한다는 것입니다. 그리고 이 신경세포는 이후에 움직이면 안 됩니다. 기억을 저장한 뒤에도 신경세포가 마구 자라고 분열한다면 이후 이 회로는 엉망이 되어 기억이 엉망진창이 되어버릴 테니까요. 마치 인기 드라마 「대장금」을 비디오테이프에 프로그램을 녹화한 뒤에 다시 보려고 한다면, 녹화를 마친 뒤에는 녹화 탭을 떼어서 더 이상 다른 것을 녹화하지 않아야 나중에 다시 제대로 된 「대장금」을 볼 수 있는 것과 같습니다. 만약 녹화 탭을 떼어두지 않아서 식구 중 다른 사람이 이 비디오테이프에 다른 것을 녹화했다면, 그것도 여러 번 그랬다면 어떻게 될까요? 아마 비디오테이프에는 이것저것 여러 개의 프로그램이 뒤죽박죽이 되어 하나도 내용을 알 수 없게 될 테지요.

우리의 뇌도 마찬가지입니다. 일단 기억을 저장하고 회로가 완성된 뒤의 신경세포들은 더 이상 자라지 않아야 한답니다. 그래야 기존의 기억을 제대로 보관할 수 있을 테니까요. 그래서 우리의 뇌는 상처를 입었을 때 재생할 수 없다는 엄청난 위험부담을 감수하고서라도 기존의 신경전달 서킷을 지키려는 전략을 택했던 것이지요. 하나를 얻기 위해서 다른 하나를 희생해야만 하는 것, 진화는 그렇게 냉정하게 진행되어왔답니다.

그러나 아주 희망이 없는 것은 아닙니다. 위에서 말했듯이 신경세포는 재생이 불가능한 것이 아니라 여러 여건상 재생이 억제된 것이기 때문이지요. 요즘 연구되고 있는 줄기세포를 이용한 신경치료는 이런 뇌세포의 한계에 도전하여, 아예 시험관에서 줄기세포를 신경세포로 분화시켜 신경계에 직접 넣어주는 방법을 연구하고 있답니다. 아직까지 뇌에 대한 연구는 걸음마 수준이어서 지금은 그저 '가능성' 만을 논할 뿐이지만, 언젠가 우리가 우리의 뇌에 대해서 스스로의 뇌로 완전히 이해하게 될 때가 오면, 가능성은 현실이 될 수 있을 겁니다.

신경세포는 왜 여럿이 움직일까?

왜 하나의 신경세포가 바로 출력(내용전달 및 인지)을 하지 않을까요? 예를 들어 여러 개의 끈을 이어 긴 끈 하나를 만드는 것보다는 원래부터 긴 끈에서 시작하는 게 편할 텐데요. 물론 그런 경우도 있습니다.

신경세포 실험을 할 때는 오징어가 많이 사용되지요. 오징어의 신경세포는 맨눈으로도 충분히 보일 만큼 커서 거대축색이라는 이름으로 실험에 많이 사용된답니다. 하등동물의 경우, 정보의 입력과 출력이 많지 않습니다. 그들은 먹고 생식하고 적으로부터 피하는 게 신경이 관장하는 전부라 해도 과언이 아니니까요. 본능에 충실하게만 살면 되는 하등동물의 경우 순간적인 반사 능력이 중요합니다. 따라서 하나의 신경이 바로 정보를 받아서 출력을 하게 되므로 시간을 절약할 수 있는 시스템 수준에서 머무른 거죠.

하지만 고등동물로 올라갈수록 입력되는 정보도 많아지고 처리해야 할 정보도 출력해

신경세포 가상도.

야 하는 가짓수도 많아집니다. 예를 들어 오징어를 쿡 찌르면 순간 오징어는 먹물을 내뿜으며 도망을 칠 것입니다. 오징어의 뇌에 프로그램된 것은 오직 '건드리면 피하라' 일 뿐이니까요. 그러나 사람은 누가 날 찌르더라도 때에 따라 다른 반응을 보입니다. 적이라면 도망치고, 친구라면 장난으로 받아들일 수 있으며, 모르는 사람이 그랬다 하더라도 상황에 맞춰 행동할 수 있습니다. 분명 입력 정보는 하나인데, 반응은 제각각입니다. 이러기 위해서는 신경세포 하나가 한 가지를 담당하는 것이 아니라, 이들이 네트워크를 이루어야 합니다. 그래야 '찌름' 이라는 자극과 함께 기타 다른 정보들을 종합해 판단할 수 있게 될 테니까요. 따라서 단일 신경으로 이루어진 반사는 빠르기는 하지만 단순하기 그지없고, 여러 신경세포들의 연합은 다양한 결과를 만들어낼 수 있어서 좀더 고차원적인 반응과 행동을 보일 수 있답니다. 아참, 그리고 이런 경우에도 반응속도는 그다지 느리진 않답니다.

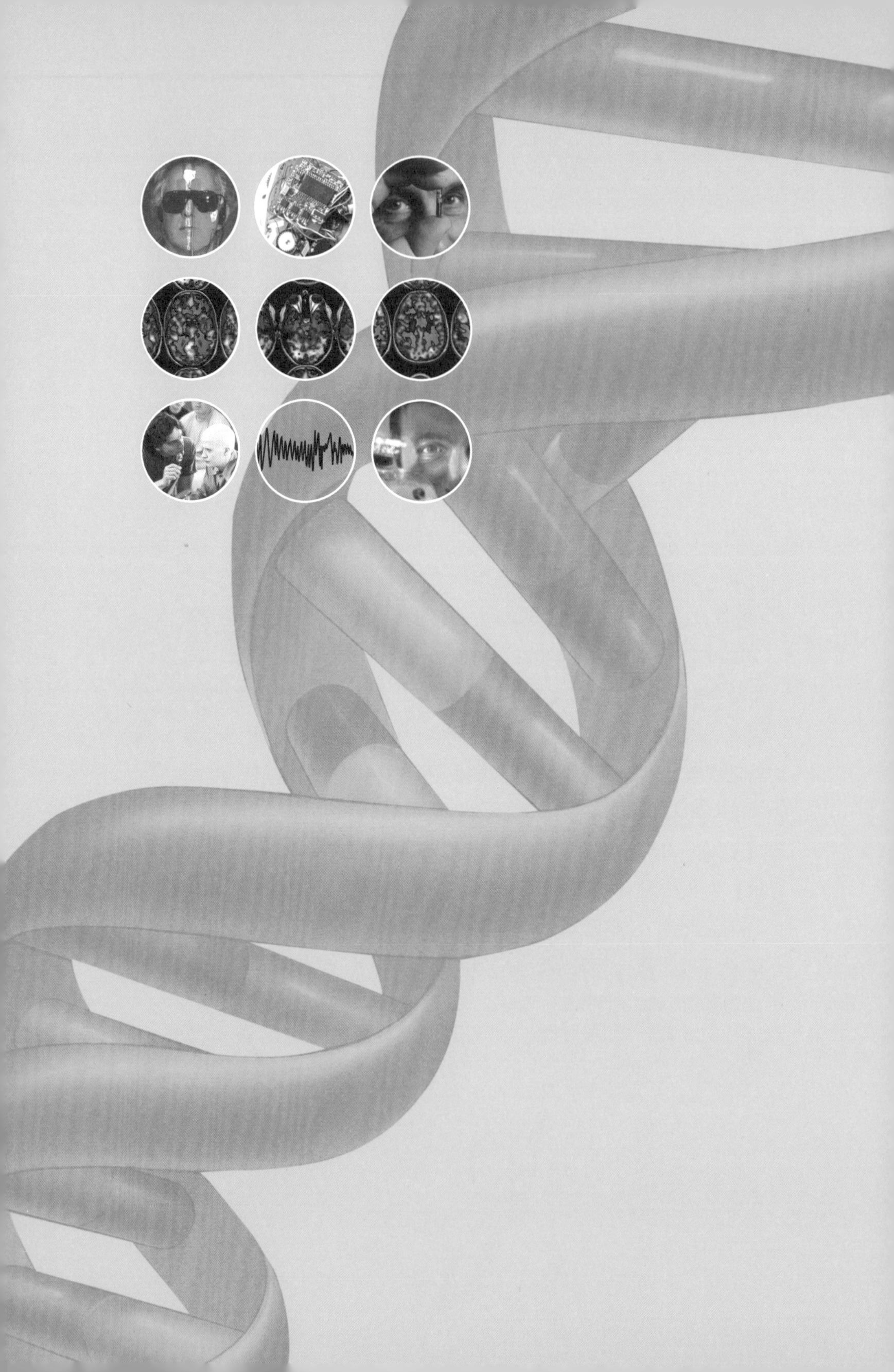

3

마음에서 마음으로 생각을 전달한다

_텔레파시의 과학화

텔레파시는 상당수 인간의 이루어질 수 없는 소망이 투영된 것일 뿐이었습니다. 그러나 이제 텔레파시는 현실화될 가능성이 있습니다. 과학의 힘을 빌려서 말이죠.

여러분은 어떤 계절을 가장 좋아하시나요? 사람들은 대개 더운 여름과 추운 겨울보다는 춥지도 덥지도 않고 찰나에 불과할 만큼 짧은 계절인 봄과 가을을 더 좋아합니다. 특히나 가을은 하늘이 푸르고 바람이 상쾌한 계절입니다. 그런데 가을은 봄과 달리 하나의 부작용을 가진 계절이기도 합니다. 다름 아닌 '가을을 타게 된다'는 우울증이 찾아오기 때문이죠.

가을이 되면 여름에 비해 일조량이 떨어지면서 사람들의 뇌에서는 세로토닌serotonin이 줄어들게 됩니다. 세로토닌은 신경전달물질의 한 종류로 뇌의 활동을 높이고, 신경을 흥분시키는 작용을 하는 호르몬입니다. 반대로 세로토닌 분비가 줄어들면 흥분이 가라앉는 반면 뇌의 활동도 줄어들게 됩니다.

일조량 저하로 인한 세로토닌 분비량의 감소를 비롯하여 갖가지 영향으로 '가을을 타는 일'이 좀더 심해지면 내 마음을 아무도 알아주지 않는다는 생각에 상실감에 빠져들 수도 있지요. '세상에 내 마음을 나처럼 알아주고 날 이해해줄 사람이 단 한 명이라도 있다면 이토록 외롭지는 않을 텐데……' 라는 생각에 괜스레 눈물이 나기도 하지요. 바로 이럴 땐 정말 누군가와 텔레파시 telepathy라도 통할 수 있었으면 하는 생각을 하게 됩니다.

SF영화나 판타지 소설 등의 소재로 자주 등장해 유명해진 텔레파시는 말이나 몸짓, 표정 등 겉으로 드러나는 감정을 알 수 없는 상태에서 상대의 마음을 읽거나 혹은 자신의 생각을 상대에게 전달해줄 수 있는 능력을 말합니다. 어떤 방식을 사용하는지는 알 수 없으나 굉장히 호감이 가는 말인 것은 사실입니다.

사람의 마음을 읽는 초능력을 다룬 영화_ 위에서부터 「왓위민원트」「사토라레」「그린마일」「파우더」. 영화 속 주인공들은 상대방의 속마음을 손금 보듯 훤히 읽는 재주로 선망의 대상이 되거나 두려운 존재가 되기도 합니다.

이러한 호감도가 증폭된 결과인지 과학자들도 허황된 이야기로 여겼던 텔레파시의 현실화를 위해 연구하기도 합니다. 듣지 않고 사람의 생각을 읽을 수 있다면 이보다 더 좋을 순 없으니 과학의 과제가 아니라고도 할 수 없습니다. 아닌게 아니라 우리의 몸에서 생각을 관장하는 부분이 뇌이니만큼 만일 텔레파시가 현실화된다면 이것은 아마 뇌에 관한 연구의 결과물일 가능성이 높습니다. 사실 이러한 기대는 뇌파의 존재가 밝혀지면서 더 커져만 갔지요.

뇌파에 대하여

그간 막연하게 동경의 대상 혹은 초능력의 영역으로만 받아들여지던 텔레파시는 뇌파의 존재가 밝혀지면서 혹시 현실에서도 가능한 것이 아닌지 의심하는 사람들이 생겨났습니다. 그러나 뇌파에 대해 상당히 연구가 진척된 지금까지도 아직 텔레파시의 실존에 대한 실마리는 발견하지 못했답니다. 뇌파腦波, electroencephalogram란 말 그대로 뇌의 활동에 따라 뇌에서 나오는 전류를 기록한 것입니다. 1875년 영국의 생리학자 R. 케이튼이 최초로 토끼와 원숭이의 대뇌피질大腦皮質에서 미약한 전기 신호가 나온다는 사실을 발견하고 이를 검류계로 기록하여 뇌에서 나오는 전기 신호의 존재를 보고했습니다.

한스 베르거_ 한스 베르거는 원래 수학과 물리학을 공부했으나, 중간에 의학으로 전환하여 대학을 졸업했습니다. 1929년 뇌전위腦電位를 측정하는 기계를 고안해 뇌파연구의 실마리를 열었습니다.

사람에 대한 연구가 이루어진 것은 이보다 훨씬 뒤인 1924년입니다. 독일의 정신과 의사인 한스 베르거Hans Berger, 1873~ 1941는 사고로 머리에 상처를 입은 환자를 진료하던 중, 뇌에서 일종의 전기 신호가 발산되고 있다는 사실을 알

아차렸습니다. 베르거는 환자의 상처를 통해 머릿속에 직접 2개의 백금 전극을 삽입해 전기 신호를 기록했는데, 이 방법은 나중에 개선되어 머리 피부에 전극을 얹어서 기록하는 방법으로 바뀌었습니다. 머릿속에 직접 전극을 넣다니, 좀 엽기적인 방법입니다.

그러나 의학이나 과학의 발전을 보면 이렇게 우연한 사고로 인한 특이한 상황에서 알아낸 지식이 많습니다. 예를 들어 사고로 측두부(귀 위쪽의 옆머리)를 다친 환자는 다친 시점 이후 새로운 기억을 저장하지 못합니다. 또한 강도에게 뒷머리를 세게 가격당하면 순간적으로 급사하는 경우도 있습니다. 이런 결과로부터 측두부에 존재하는 해마hippocampus가 새로운 사실을 기억해서 저장하는 기억창고라는 것과 머리 뒤쪽의 연수 부위가 호흡과 심장박동을 조절한다는 것을 알아냈습니다. 즉, 해마는 기억의 생성과 저장을 담당하기 때문에 해마에 손상을 입은 환자는 기억을 못하게 되는 것이죠. 또한 이 부위는 노인성 치매(알츠하이머 병)에서도 자주 손상되는 부위로, 치매환자들의 기억에 문제가 생기는 것은 해마가 파괴되기 때문입니다. 또한 뒤통수 중간쯤을 다치게 되면 눈에는 아무 이상이 없음에도 불구하고 시력을 잃는 경우도 있습니다. 이는 눈에 들어온 시각정보를 처리하는 대뇌의 시각피질이 이 부위에 있기 때문입니다. 이렇듯 뇌에 대한 연구는 사고를 당한 환자들을 대상으로 관찰된 결과가 많습니다. 어쨌든 그런 사고를 당한 사람들 본인에게는 매우 불행한 일이지만, 그로 인해 인류는 더 많은 지식을 축적했으니 아이러니한 일이지요.

다시 베르거의 이야기로 넘어가지요. 베르거는 뇌에서 측정되는 전기 신호를 심전도心電圖나 근전도筋電圖와 같은 맥락으로 여겨 뇌전도腦電圖, electroencephalogram라는 이름을 붙였습니다. 그래서 뇌파를 가끔은 '베르거 리듬' 이라고 부르기도 한답니다.

그렇다면 뇌파는 왜 발생할까요? 불행하게도 이에 대한 정확한 답은 아직 없답니다. 다만, 가장 근접한 답으로는 대뇌피질의 신경세포들이 구성하는 시냅스 안팎의 전기적 에너지가 모여서 일어난다는 설이 가장 유력합니다. 신경세포는 일종의 전선으로 수상돌기에서 받아들인 신호가 세포체를 거쳐 축색돌기로 전달될 때, 전기적인 활동 전위가 관측됩니다. 따라서 이들의 연합인 뇌 전체에서 뇌파가 나오는 것은 각각의 신경세포의 접합부인 시냅스 부위의 전위들이 모여서 이루어진다고 보는 것이죠.

그런데 사람의 뇌파를 가만히 관찰해보면 관찰 조건에 따라 뇌파의 주파수와 진폭이 다르게 나타나는 현상이 보이곤 합니다. 뇌파의 주파수는 1~50Hz, 진폭은 10~100uV 정도인데, 이렇게 다양한 뇌파를 특성에 따라 분류해보면 알파(α), 베타(β), 세타(θ), 델타(δ) 등 네 가지 특징적인 파장으로 나눌 수 있습니다.

여러분, 혹시 뇌파를 자극하여 머리를 맑게 해준다는 'OO스퀘어' 등의 학습 보조기구를 보신 적이 있나요? 그 기구를 보면 알파파, 베타파라는 말이 나옵니다. 알파파는 인간 뇌파의 대표적인 성

뇌파	뇌파모양	주파수	두뇌활동 상태
베타(β)		13~30Hz	깨어 있을 때, 말할 때 모든 의식적인 활동 상태
알파(α)		8~12Hz	명상(정신적인 안정), 눈을 감은 상태
세타(θ)		4~7Hz	창의적인 상태, 긴장이완 상태, 기수면 상태
델타(δ)		1~3Hz	깊은 수면 상태

사람의 뇌파.

분이며, 보통 주파수 10Hz, 진폭 50uV의 파장이 규칙적으로 나타날 때를 뜻합니다. 알파파는 눈을 감고 마음을 평안하게 하여 진정 상태에 있을 때 가장 많이 기록되며, 눈을 뜨고 물체를 보거나 흥분을 하면 사라집니다. 이렇게 눈을 뜨고 활동을 하는 경우, 뇌파는 주로 베타파로 바뀌게 됩니다. 이를 알파파 저지 현상이라고 하죠. 또한 이 알파파는 뇌의 발달과 밀접한 관계가 있어서, 어린아기의 알파파의 주파수는 4~6Hz 정도밖에 되지 않지만, 나이가 들면서 점점 주파수가 증가하여 20세 정도 되면 10Hz 정도의 안정된 주파수를 갖게 됩니다.

어쨌든 알파파는 여러 실험 결과, 잠들기 직전 혹은 눈을 감고 마음을 평온하게 가질 때 관측되었습니다. 뇌파를 이용한다는 학습 보조 기구들은 이 알파파를 외부에서 만들어 뇌에 전달되도록 하는 것입니다. 그리고 이런 행동이 마음을 가라앉혀 머릿속을 맑게 해준다고 선전하지요. 실제로 요가나 명상을 통해 마음을 가라

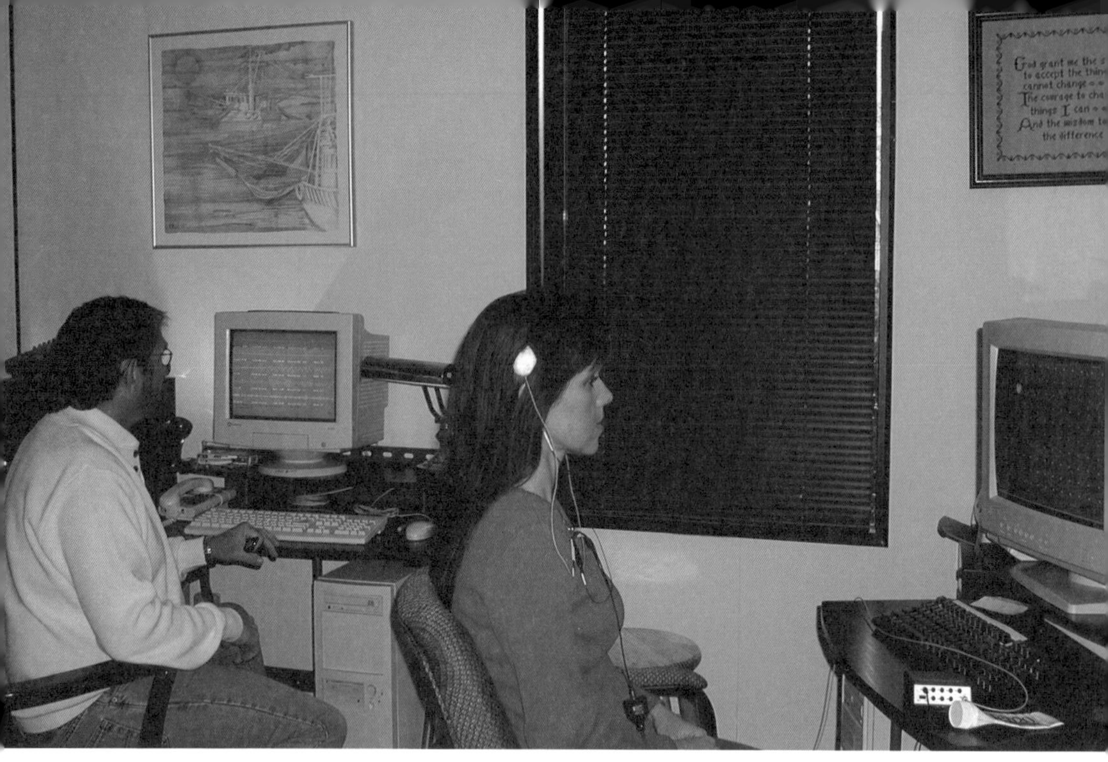

뇌파 검사를 받고 있는 모습_ 요즘에는 뇌 속에 전극을 삽입하지 않고도 간단하게 전극을 머리에 붙이는 것만으로도 뇌파 측정이 가능합니다.

앉히면 알파파가 많이 나온다는 보고도 있습니다만 외부에서 인위적으로 뇌파와 비슷한 파동을 만들어주는 것이 과연 얼마나 효과가 있을지는 잘 모르겠네요. 뇌파는 그 자체가 특정한 작업을 수행하는 것이 아니라, 뇌의 변화에 따라 겉으로 드러나는 현상인데 말이죠. 잔잔한 수면에 돌을 던지면 물결이 일어납니다. 그러나 인위적으로 물을 쳐 물결을 일으켰다고 해서 돌멩이가 물 속으로 던져진 것은 아니겠지요.

다시 파동의 종류에 대해 이야기하자면, 알파파보다 주파수가 빠른 파동을 베타파, 느린 파동 중에서 4~7Hz의 것을 세타파, 그 이하의 것을 델타파라고 합니다. 원래 세타파와 델타파처럼 느린 파동은 뇌종양 환자에게서 관찰되어서 이것은 뇌의 이상을 나타내주는 뇌파로 알려졌습니다. 그러나 이후의 연구 결과 이것은 젖먹이 아기에게서는 정상 뇌파이며, 어른들의 경우에도 수면 상태에서는 세타파와 델타파가 나오는 것이 관찰되어 무의식의 영역과 관계있을 것이라고 짐작하고 있지요.

뇌파가 우리에게 알려주는 것들

뇌파는 알려진 대로 뇌 기능의 일부를 겉으로 드러내는 것입니다. 뇌파를 관찰하면 사람이 어떤 생각을 하는지 알 수 있느냐고요? 아직까지 뇌파에서 알 수 있는 것은 구체적인 상황은 아닙니다. 뇌 전체의 활동 상태, 즉 눈을 뜨고 있는지 잠을 자고 있는지 어떤 이상이 있는지 정도는 쉽게 알 수 있지만, 구체적으로 무슨 생각을 하는지는 알 수가 없습니다. 뇌파와 더불어 MRI자기공명영상, Magnetic Resonance Imaging 촬영을 병행한다면, 좀더 자세한 상황을 알 수 있습니다만, 그 역시 한계가 있습니다. 예를 들어 MRI 사진과 뇌파를 기록하여 시각 영역 중추가 활발하게 움직이는 것을 관찰하였다면, 이 사람이 지금 무언가를 열심히 보고 있다는 것은 알 수 있지만, 구체적으로 영화를 보는지 사랑스런 애인을 보는 것인지는 알 수 없다는 것이죠. 또한 그것을 주의깊게 보는지 건성으로 보고 있는지도 알 수 없고요.

사실 뇌파의 유용성은 사람의 생각을 읽는 데 있는 것이 아니라,

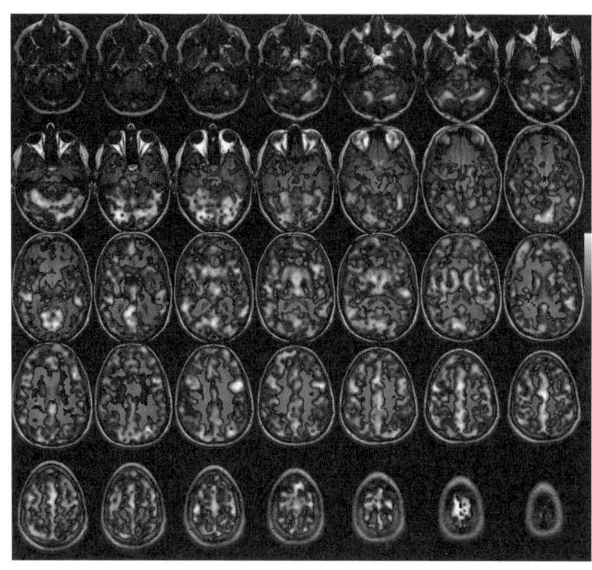

사람의 뇌_ 사람의 뇌를 MRI로 촬영한 것입니다. 인체에 해가 없는 고주파를 이용하여 몸 속에 있는 수소원자핵의 분포를 그림으로 나타내는 것이죠.

의학적인 면에서 의미가 있습니다. 환자의 뇌파를 검사하여 그 주파수나 위상, 파동의 모양, 파동의 분포와 주기의 변화를 꼼꼼히 살피면 뇌의 이상을 알아내는 데 도움을 줄 수 있습니다.

예를 들어 정상 성인에게서는 잠이 든 상태가 아니라면 세타파나 델타파가 나타나는 일은 극히 드뭅니다. 만약 잠들어 있지 않은 안정상태에서 델타파나 세타파가 반복해서 나타나는 경우는 뇌종양일 가능성이 있습니다. 또한 델타파는 뇌혈관에 장애가 있을 때도 나타나며, 베타파의 주파수가 알파파와 비슷한 8Hz 부근의 파동을 가지며 나타나는 경우는 뇌 기능 저하를 의심할 수 있답니다. 이 밖에도 비정상적으로 높은 진폭 또는 낮은 진폭의 뇌파도 우리 뇌가 외부로 출력하는 이상 신호랍니다.

뇌파는 뇌의 이상을 나타내줄 뿐만 아니라, 간단하게 머리에 전극만 붙이면 알 수 있기 때문에 환자에게 고통을 주지 않고도 검사할 수 있고, 병이 생긴 부위나 성질 등을 정확하게 알 수 있다는 점에서 뇌의 이상을 진단하는 데 필수적인 검사법입니다.

그런데 만약 뇌파가 정지한다면 어떻게 될까요? 그것이 바로 뇌사腦死 상태랍니다.

뇌파의 미래 – 생각만으로 지배한다

뇌파는 뇌의 상태를 전기적인 신호로 바꾸어주는 것일 뿐, 그 파동 자체가 어떤 역할을 하거나 남에게 전달할 수 있거나 하는 것은 아닙니다. 따라서 텔레파시란 개념은 상당수 인간의 이루어질 수 없는 소망이 투영된 것일 뿐이죠. 그러나 현재 이 텔레파시는 어떤 점에서 현실화될 가능성도 있습니다. 막연한 초능력이 아니라 과학의 힘을 빌려서 말이죠.

현재 과학자들은 '생각' 만으로 기계를 작동시키는 장치를 개발하고 있습니다. 1996년 9월 미국 과학전문지 『뉴사이언티스트 *New Scientist*』는 호주 시드니 공대(UTS)의 L. 키커 박사팀이 뇌파로 작동하는 스위치를 개발, 마인드 스위치Mind Switch라고 이름 붙였다는 기사를 보도했습니다. 키커 박사팀은 사람이 눈을 감았을 때와 떴을 때 뇌파 중에서 알파파의 비율이 현저하게 차이가 난다는 사실에 주목했지요. 눈을 감으면 떴을 때보다 무려 3배나 많은 알파파가 나타난다고 해요. 그래서 뇌의 뒤쪽 아래 부분인 후두엽에 전극을 설치해서 알파파가 기준치 이상 나타나면 이를 증폭시켜서 무선으로 송신할 수 있는 전자장치를 만들어낸 것입니다. 머리띠

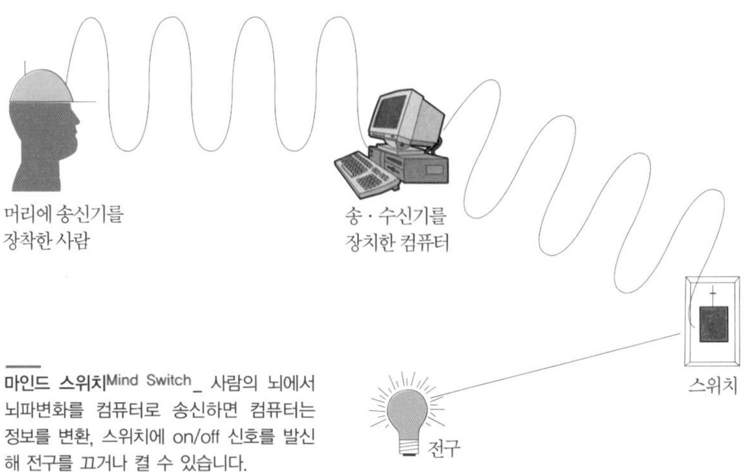

마인드 스위치 Mind Switch_ 사람의 뇌에서 뇌파변화를 컴퓨터로 송신하면 컴퓨터는 정보를 변환, 스위치에 on/off 신호를 발신해 전구를 끄거나 켤 수 있습니다.

모양으로 생긴 이 전자장치를 다른 전자 기기의 스위치로 사용하면 눈을 감고 뜨는 것만으로도 기계를 껐다 켰다 할 수 있습니다. 연구팀들은 알파파 외에도 세타파에 대한 감지 장치도 개발하고 있어서, 생각만으로 최소한 두 개의 서로 다른 전자 기기의 스위치를 켜고 끌 수 있는 가능성을 우리에게 보여주고 있습니다.

이 밖에도 미국에서는 사람의 뇌파를 실시간 영상으로 처리해 각 파장을 세밀하게 분석해서 보여주는 장치를 개발하고 있습니다. 이런 연구가 추구하는 목표는 무엇일까요? 이렇게 생각만으로 움직이는 기계가 등장한다면 가장 먼저 도움을 받는 이들은 사고로 인해 전신 마비 증세가 있는 사람들입니다. 마인드 스위치는 전신 마비 환자들의 복지와 재활에 매우 유용하게 쓰일 수 있을 것입니다. 그

곰의 뇌파탐지 기술

모든 생명체에서는 생명을 유지하기 위해 세포 사이의 신진대사가 진행되죠. 이는 세포간의 전위차를 통해 이루어집니다. 인간의 두뇌 활동도 역시 서로 다른 전위차에 의해 이루어지는데, 뇌의 각 부분에서 발생하는 전위차들이 한데 모여 하나의 뇌파가 되는 것이죠.

러나 마인드 스위치의 의미는 여기서 그치지 않습니다. 마인드 스위치에 이용되는 뇌파 분석 기술이 좀더 널리 연구된다면, 언젠가 이를 통해 사람의 생각을 분석해낼 수 있을지도 모릅니다. 결국 이는 인간과 컴퓨터 사이에 새로운 의사소통 수단Human-Computer interface이 될 수 있습니다. 지금처럼 키보드나 마우스 등의 입력장치와 모니터나 프린터 등의 출력장치를 통해 인간과 컴퓨터가 소통하는 것이 아니라, 컴퓨터와 인간이 좀더 빠르고 정확하게 정보를 주고받을 수 있는 방법으로 뇌파를 이용할 수 있는 가능성이 제시되고 있습니다.

만약 이것이 성공한다면 인간은 말을 하거나 글을 쓰거나 자판을 두드리거나 하는 행동 없이도 머리에 전극을 붙이고 증폭장치에 연결하여 자신의 생각이나 감각을 전달하고 타인의 느낌 혹은 컴퓨터의 정보 역시 받아들일 수 있게 될지도 모릅니다.

인간이 기계의 도움을 받아 뇌파나 신경 신호만으로 생각을 전달하고 외부 정보를 받아들일 수 있다는 것은 사이보그의 가능성도 같이 담고 있습니다. 이것이야말로 과학의 힘을 빌린 텔레파시의 현실화라 할 수 있습니다. 이것이 거짓말같이 느껴진다고요?

사이보그, 탄생하다

위에서 얘기한 것과 조금 다른 방식이긴 하지만, 영국 레딩대학교의 인공두뇌학과 교수인 케빈 워릭Keven Warwick, 1954~은 1998년과

케빈 워릭 교수와 그의 책_ 케빈 워릭 교수는 그의 책에서 "사이보그는 기계를 통해 인간을 육체적, 그리고 정신적으로 업그레이드하는 미래의 대안"이라고 역설했습니다.

2002년 두 차례에 걸쳐 사이보그가 되는 실험을 스스로에게 시도했고, 또한 성공했습니다. 그의 책 『나는 왜 사이보그가 되었는가? *I, Cyborg*』를 보면 워릭 박사가 아주 간단해 보이는 실험을 통해 사이보그가 되는 과정이 나옵니다.

워릭 박사는 사이보그가 되는 과정으로 팔을 절개하고 팔의 정중 신경에 기계장치를 이식하는 것에서 시작합니다. 이 장치는 뇌에서 팔의 근육과 힘줄에게 보내는 신호를 인식하고, 팔에서 뇌로 가는 신경 자극과 근육의 움직임을 인식하는 일종의 신호인식기이며, 이를 외부의 컴퓨터로 전송할 수 있는 체내형 무선송수신기의 일종이었지요. 그의 팔에 이식된 작은 기계장치는 단순히 신경과 근육 사이에 통하는, 아니 뇌와 신체의 각 부분 간에 이동하는 신경 전류의 흐름을 읽고 전송하는 것이지만, 이는 엄청난 가능성을 지니는 일이었습니다. 만약 이 신호를 제대로 읽어낼 수만 있다면, 뇌

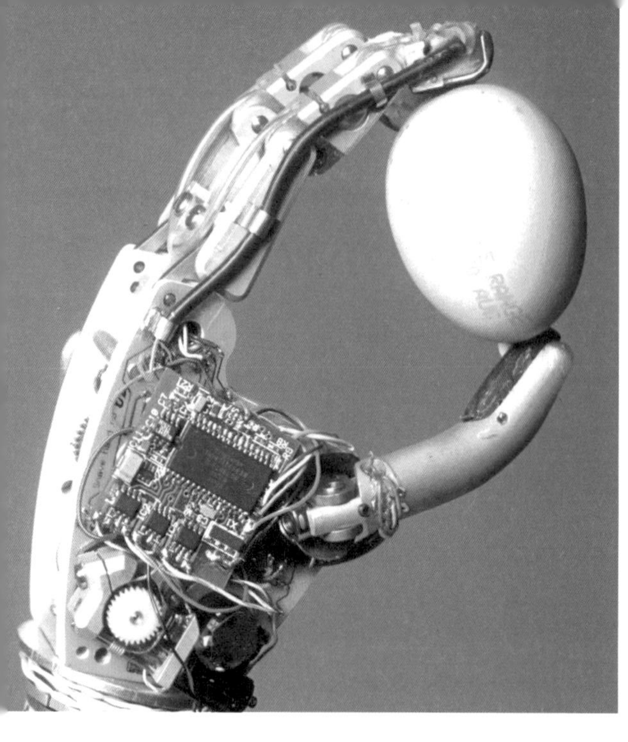

가 팔을 움직이라는 명령을 내릴 때, 체내 이식장치가 이 신호를 포착하여 외부에 존재하는 로봇의 기계 팔을 움직이라는 명령으로 바꾸어 송신할 수 있게 되어, 사고나 신경 이상으로 몸이 마비된 환자들이 단지 '생각' 만으로 로봇이나 전동 휠체어를 움직이는 것이 가능하게 될 테니까요.

실제 워릭 박사는 자신의 팔에 심은 무선송수신기에서 발생한 신호만으로 대서양 건너 미국에 있는 실험실의 로봇 팔을 움직이는 데 성공했습니다. 이후 워릭 박사는 자신뿐만 아니라 아내인 이레나의 팔에도 기계를 이식하여 신호를 주고받는 데도 성공해서, 말 그대로 '일심동체' 가 무엇인지를 느끼며 사람들을 다시 한번 놀라게 했습니다.

여러분 어떠세요? 인간에게 신비한 능력이 있어서 텔레파시로 생각을 전달할 수 있다는 것보다는 이쪽이 훨씬 더 현실감 있게 느껴지지 않나요? 게다가 텔레파시는 선택된 자들만 누릴 수 있는 특권인 데 비해, 이 방식은 누구나가 체험할 수 있는 가능성이 있다는 점에서 전 이쪽에 더 점수를 주고 싶네요.

언뜻 보아 거짓말같이 보이는 현상일지라도, 논리적으로 설명될 수 있고, 합리적인 방법에 의해 재현될 수 있다면 과학은 그것을 받아들여 '과학적' 이라는 이름을 붙여줍니다. 과학과 비과학을 가르는 경계는 때로는 아주 작은 차이에서 나온답니다.

Science Episode

뇌사와 식물인간

2004년 12월 1일, 국내에서 의미있는 수술이 시도되었습니다. 한 젊은이가 갑작스럽게 뇌동맥류 파열로 쓰러졌습니다. 곧바로 31세의 젊은 이 남자는 뇌사 상태에 빠져들었습니다. 그러나 비록 그는 안타깝게 숨졌지만, 그의 죽음은 5명의 이웃을 살려냈습니다. 고(故) 김상진 씨는 우리나라에서 최초로 '뇌사 시 장기기증 서약자' 중 실제로 서약을 지킨 첫 사람입니다.

뇌사[腦死, brain death]란 뇌의 기능이 완전히 멈춘 상태로, 아무런 처치를 하지 않을 경우, 스스로 호흡과 혈액 순환을 할 수 없어 곧 완전한 죽음에 이르게 됩니다. 기존에는 뇌기능이 상실된 경우, 손쓸 도리가 없기 때문에 뇌사는 곧 심장사로 이어졌고 죽음의 판정에도 별다른 문제가 없었습니다. 그러나 최근 발달한 의학 기술은 인간이 뇌사 상태에 빠지더라도 인공호흡기 등을 이용해 계속해서 숨을 쉬고 심장이 뛸 수 있도록 하는 것이 가능해져서 뇌사가 과연 '진짜' 죽음이냐에 대한 논란이 가중되었습니다. 또한 장기이식 수술의 성공률이 높아지면서 뇌사 상태 환자의 사망 판단 여부가 중요한 사회적 이슈로 떠올랐지요. 뇌사 상태인 경우, 뇌는 죽었지만 다른

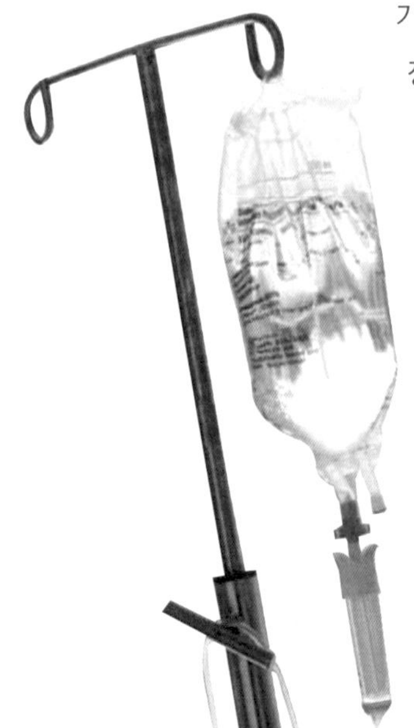

내장기관들은 아직 살아 있어서 장기이식에 가장 적합하기 때문입니다. 결국 뇌사 상태의 환자는 인공호흡기에 의존하지 않고서는 살아갈 수 없음을 인정하여, 세계 각국에서는 이제 뇌사를 죽음의 한 방식으로 받아들이고 있답니다. 우리나라에서도 1993년 3월 대한의학협회가 「뇌사에 관한 선언」을 선포하여, 뇌사를 죽음으로 인정했습니다.

가끔 뇌사와 혼동되는 단어로 '식물인간'이 있습니다. 식물인간植物人間이란 의식도 없고, 움직이지도 못하지만, 호흡과 혈액 순환은 유지되는 환자를 말합니다. 이런 환자의 상태가 마치 한 자리에 뿌리를 내리고 조용히 서 있는 식물 같다고 하여 의학적으로는 식물상태vegetative state라고 합니다. 이들은 호흡, 체온조절, 혈액 순환, 배설 작용 등이 유지되기 때문에, 인공급식기에 의존해서 몇 년이고 살아갈 수 있습니다. 2005년 3월, 전세계를 떠들썩하게 만들었던 '테리 시아보 사건'이 그 예입니다. 테리 시아보는 식물인간 상태로 15년간을 병원 침대에서 인공급식기에 의존하여 살아왔습니다. 그녀를 둘러싸고 인공급식기를 떼고 평안한 죽음을 맞게 해야 한다는 남편과 아직 살아 있는 딸을 사위가 죽이려고 한다는 부모측의 팽팽한 신경전이 법정 싸움으로 비화되면서, 전세계 사람들의 초미의 관심사가 되었습니다. 결국 이 판결은 테리 시아보의 급식 튜브를 제거하라는 명령에 따라 테리의 죽음으로 끝났지만, 전세계는 이를 둘러싸고 인간답게 죽을 권리에 대한 치열한 논쟁을 벌였었지요.

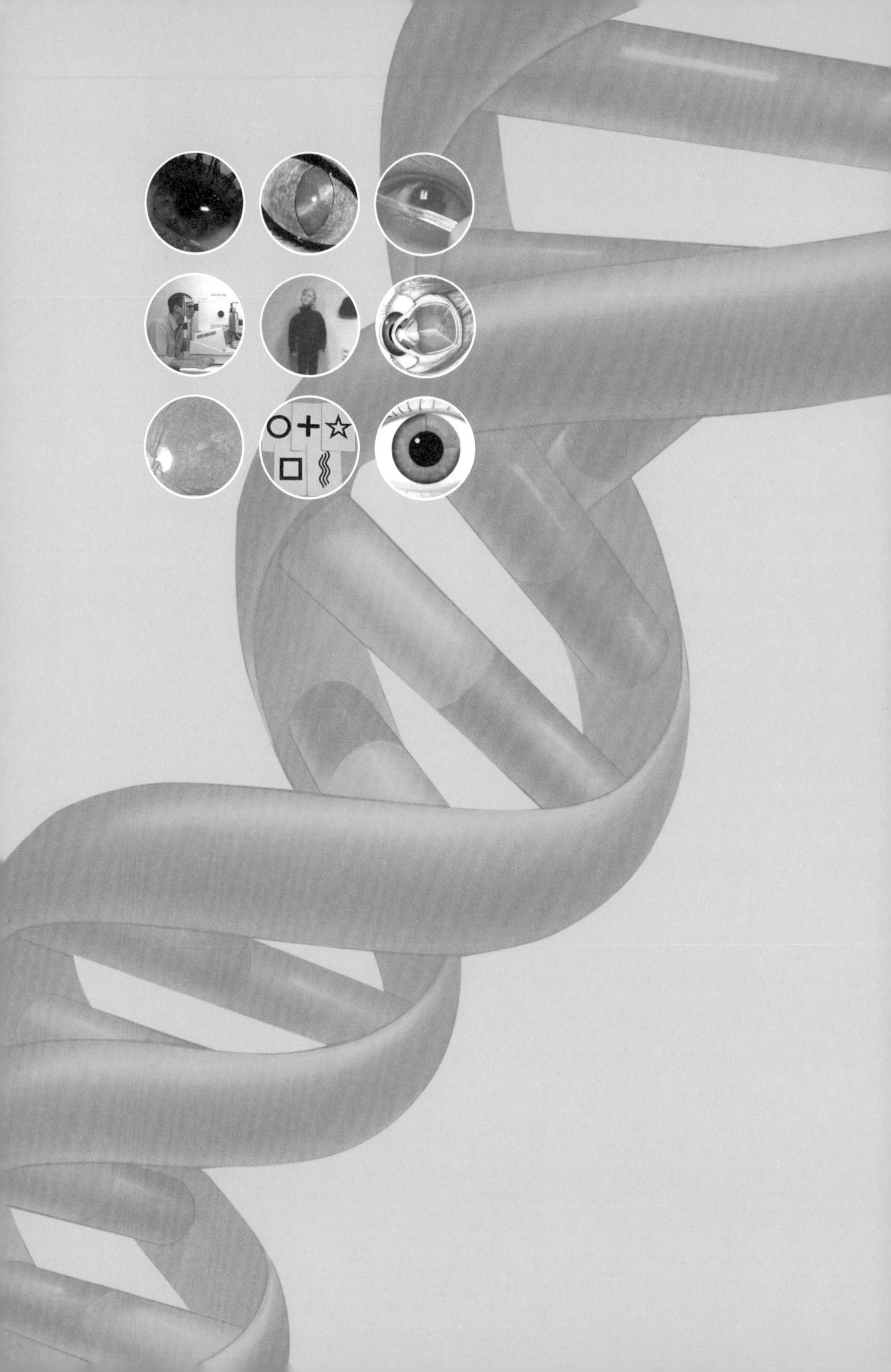

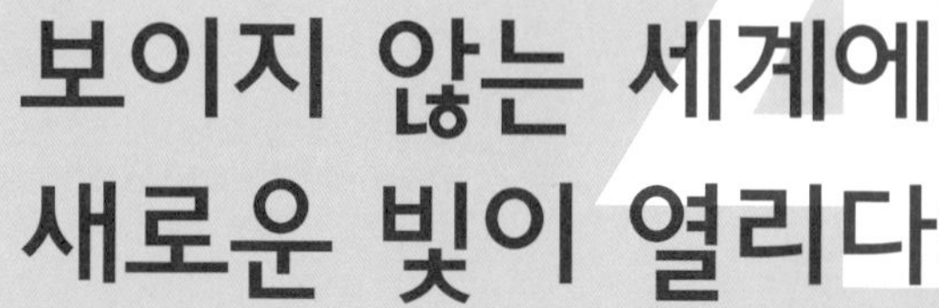

4 보이지 않는 세계에 새로운 빛이 열리다

_투시와 인공시각

우리가 노력해야 하는 것은 투시력을 개발하는 허황된 꿈이 아니라, 시력을 잃은 이들에게 빛을 되찾아주고 그들이 우리가 보는 세상을 함께 누릴 수 있게 해줄 기술의 발전입니다.

지금은 시험 시간, 열심히 문제를 풀어나가던 순간, 갑자기 답이 떠오르지 않습니다. 분명히 시험이 시작되기 직전에 본 것인데, 단어가 입안에서 맴돌 뿐 도통 생각나지 않습니다. 떠오를 듯 떠오를 듯하면서도 혀끝에서만 뱅뱅 도는 답 때문에 손바닥엔 땀이 배고, 입은 바짝바짝 타들어갑니다. 분명 조금 전에 본 내용인데 시험 시간은 점점 지나가는데 답은 생각나지 않고, 애꿎은 책상만 노려봅니다. 저 책상 속에 책이 들어 있는데, 저 책 몇 페이지 몇째 줄에 답이 있는지도 알고 있는데. 튼튼하고 두꺼운 나무 책상이 원망스럽습니다. 책상이 순간적으로 투명해진다면 답을 알 수 있을 텐데.

누구나 이런 경험 한번쯤은 있을 것입니다. 평소에는 잘 생각나던 것도 시험 시간이나 긴장하게 되면 입술에서만 맴돌 뿐, 정확한 단어가 기억나지 않는 일이 종종 있지요. 마음이 초조하고 급해지면 내게 단 몇 초간만이라도 투시 능력이 생기면 얼마나 좋을까, 라는 허황된 마음까지 들게 되지요. 좁은 의미의 투시란 막혀 있는 장애물에 구애받지 않고 그 너머에 있는 것을 보는 능력을 말하는데, 만약 이런 능력이 있다면, 처음에 이야기했던 책상 속의 책이 보이지 않아 겪는 시험 시간의 초조함 같은 건 없을 테지요.

보이지 않는 것에 대한 갈망, 투시

투시透視, Clairvoyance는 초능력의 한 분야로서, 투시를 나타내는 단어 Clairvoyance는 '깨끗한'을 의미하는 프랑스어 접두사 clair에 시각을 의미하는 단어인 voyance라는 말이 결합해 생긴 단어입니다. 즉, 깨끗하고 투명한 유리 너머를 보듯 '실제로는 볼 수 없는 것을 뚜렷하게 볼 수 있는 능력'을 말합니다. 그 동안 상대의 생각을 읽을 수 있는 텔레파시telepathy, 사물을 만져서 그 기억을 읽는다는 사이코메트리psychometry, 손가락이나 피부로 만져서 글을 읽는 피부시각dermo-optical perception, 과거의 사실을 알아내는 과거 투시retrocognition, 미래에 일어날 일을 미리 아는 예지precognition 등이 투시라는 개념과 혼돈되어왔습니다. 어쨌든 보통 사람들은 이와 같은 경험을 해본 적이 없게 마련입니다. 그럼에도 불구하고 인간의 능력을 뛰어넘는 것에 대한 소망은 강렬해서 언뜻 보기엔 황당하기

ESP카드_ 제너 박사가 상용한 이 카드는 Zener카드 혹은 초감각지각을 활용한다고 해서 extrasensory perception의 약자를 딴 ESP카드라 불렀답니다. 듀크대학에서 사용된 이래 다른 대학들도 다양한 실험에 활용하였답니다.

조차 한 실험이 실시되기도 했습니다.

1930년 듀크대학교의 칼 제너는 초능력카드(ESPcard)를 고안해서 투시에 대한 실험을 한 적이 있습니다. ESP카드는 별, 십자, 네모, 원, 세 줄의 물결무늬 등 아주 간단한 다섯 가지 기호가 그려진 카드가 각각 다섯 장씩 들어 있어 모두 25장으로 구성된 카드 묶음입니다.

실험은 이런 방식으로 진행됩니다. 먼저 카드를 철저하게 섞은 뒤, 임의의 카드를 한 장 뽑아 뒤집어놓습니다. 이때 실험대상자는 눈을 가린 채, 이 뒤집힌 카드의 모양을 알아맞히는 것이고요.

이 실험은 매우 간단하지만, 투시력을 갖추고 있다면 뒤집힌 카드의 모양이 간단한지 복잡한지는 상관이 없습니다. 이 결과는 우연히 적중할 수 있는 확률인 20%(다섯 가지에서 하나를 뽑을 확률 1/5 ×100=20%)를 기준으로 하여 그 가능성을 테스트하는 것입니다. 예를 들어 5,000번을 실험했을 때, 어떤 사람이 2,000번을 맞혔다면, 이 사람은 찍어서 우연히 맞힐 수 있는 확률인 20%, 즉 1,000번보다 1,000번을 더 맞힌 것이 되므로 이는 미약하기는 하나 투시력, 혹은 그 밖의 다른 초능력을 갖추고 있다고 결론을 내린다는 것이죠.

실제 이 실험 결과는 어떻게 되었냐고요? 물론 실패했지요. 실험 결과 대부분은 의미 있는 확률의 증가도 없었을뿐더러, 실험에 대한 객관성이 부족해 의미를 찾을 수 없었습니다. 어쩌다가 일어날 수 있는 카드 맞히기 비율의 증가는 사람들을 설득할 수 없었지요. 만약 뒤집혀진 카드를 척척 맞히는 완전한 투시력을 갖춘 사람을 찾았다면 얘기가 달라지겠지만, 그런 사람은 나타나지 않았기에 이 실험은 결국 실패한 해프닝으로 끝나고 말았습니다.

그러나 인간의 초능력에 대한 갈망은 아직까지도 이어지고 있습니다. 초능력은 그저 상상 속의 능력이라고 치부하는 현대에 와서도 사람들은 여전히 초능력의 실존에 대해 포기하지 않고 있으니까요. 또한 어떤 일의 배경이 자신이 이해할 수 없는 일일 경우, 예를 들어 누군가가 다치는 꿈을 꾼 뒤에 실제로 그와 같은 사고가 일어난다거나 하면 사람들은 초능력의 실존에 대해 믿고 싶어합니다.

'본다'는 것의 의미

우리가 사물을 볼 수 있는 방법은 단 한 가지뿐입니다. 얼굴에 돌출되어 있는 두 눈을 통해서만 볼 수 있는 것이죠. 사람에 따라서는 안경이나 콘택트렌즈의 도움을 받을지언정 눈을 통하지 않고서는 우리는 아무것도 볼 수가 없습니다. 만약 눈이라는 신체적 기관을 사용하지 않고 사물을 볼 수 있다면 어떤 점이 좋을까요? 사람들은 흔히 감춰진 곳의 숨겨진 물품들을 보거나 미래나 과거의 영상을 볼 수 있어서 유용할 것이라고 생각하지만, 실제 이런 능력이 가장 많이, 가장 절실하게 필요한 사람들은 시력을 잃은 사람들입니다. 매년 많은 사람들이 사고나 질병 등으로 인해 시력을 잃고 있습니다. 신체 다른 부위에 전혀 이상이 없더라도, 한 쪽 눈을 완전히 실명하면 노동력의 40%를, 양 눈을 모두 실명하면 노동력의 90%를 상실한다는 연구 결과가 있을 정도로 '본다' 라는 감각은 우리의 오감 중에 가장 많이 사용되고, 가장 중요한 감각입니다.

그렇다면 우리는 어떻게 '볼 수' 있을까요? 아기는 생후 6~7개월이 되면 엄마나 친숙한 사람을 알아보고 낯선 사람을 보면 싫어하거나 울음을 터뜨리는 낯가림을 시작하게 됩니다. 그렇다면 도대체 어떤 원리로 아기는 엄마의 얼굴을 다른 사람과 구별할 수 있을까요? 또한 더 나아가서 엄마의 얼굴을 다른 사람과 구별할 수 있을 뿐 아니라, 엄마의 표정이 웃는지 우는지를 파악해서 엄마의 기분을 알아차릴까요? 언뜻 보기에는 다소 아둔해 보일지 모르는 질문이지만, 사실 이는 매우 복잡한 일련의 과정입니다. 이 원리를 알아낸다면, 인간처럼 사물을 구별하고 이해하며 볼 수 있는 기계도 만들 수 있게 됩니다. 이런 의문에 대답하기 위해 많은 사람들이 연구하고 있는 분야가 바로 시각신경생리학visual neurobiology입니다.

인간의 시각은 눈의 망막retina에서 시작하여 뇌로 들어가 외슬체lateral geniculate body를 거쳐 머리 뒷부분에 위치하는 시각피질visual cortex

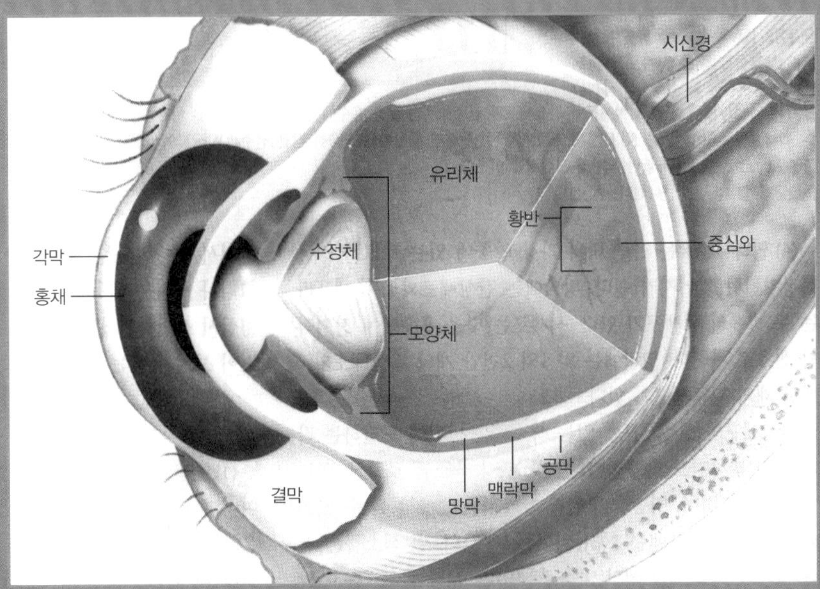

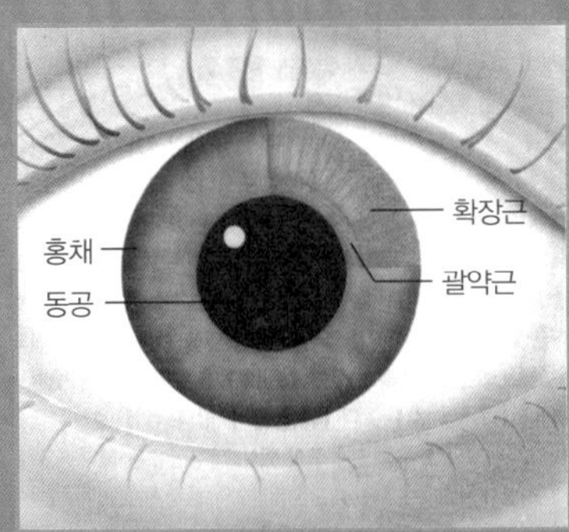

눈의 구조_ 눈동자로 들어온 빛은 차례로 각막, 수정체, 유리체를 통과하여 망막으로 가고 망막에 있는 시신경이 빛을 인지합니다. 흔히 수정체는 카메라의 렌즈에, 망막은 필름에 비유되곤 하는데, 카메라 렌즈를 통해 들어온 영상이 필름에 투사되듯, 수정체를 지난 물체의 상은 망막에서 전기적 신호로 바뀌어 시각피질에 전달됩니다.

로 전달됩니다. 눈은 빛을 모으고 그 신호를 전달하는 과정을 담당하며, 실제 시각으로 들어온 영상을 인식하는 부위는 뒷머리 쪽에 있습니다. 따라서 사고로 뒷머리를 다쳐서 머리 뒷부분의 시각피질이 손상된다면 눈에는 이상이 없더라도 사물을 전혀 볼 수 없게 되기도 합니다. 여기서 재미있는 현상이 나타납니다. 즉, 처음에 눈으로 볼 때에는 빛을 인식하여 광학적인 정보를 받아들이게 되지만, 실제 뇌가 인식할 때는 이를 전기적인 신호로 인식합니다. 우리 뇌의 수많은 뇌세포는 전기적인 신호를 주고받아 서로 정보를 전달하기 때문에, 우리의 시각 신경계에는 광학적 신호를 전기적 신호로 바꾸어줄 수 있는 변환 장치가 존재한답니다. 그 부위가 어디냐고요? 이 과정은 바로 눈의 망막에서 일어납니다.

1953년 하버드대학교의 스테판 쿠플러Stephan Kuffler교수는 고양이를 이용해서 이를 증명했답니다. 쿠플러는 마취시켰지만, 눈은 뜨고 있는 고양이의 정면에 스크린을 놓고 여기에 조그만 빛을 여기저기 비추면서 고양이의 눈의 변화를 연구했습니다.

그랬더니 고양이의 빛이 비추는 위치에 따라서 망막의 특정 부

고양이의 눈 VS 사람의 눈_ 통상적으로 생물학 실험에서 사용되는 실험동물은 흰쥐나 토끼, 기니피그 등이지만, 시각 실험에서는 고양이를 사용합니다. 포유동물 중에 인간을 제외하고는 몸에 비해서 눈이 크고 시각이 가장 잘 발달한 동물이니까요.

분에서 특정한 전기적 신호pulse가 방출되는 것이 관찰되었던 것입니다. 즉, 우리의 눈은 마치 공간을 모눈종이처럼 촘촘히 나누어 그에 대응하는 망막의 부위가 있어서 점점이 보이는 영상을 하나로 합쳐서 '본다' 는 것을 알아낸 것이죠. 이는 디지털 카메라의 화소와 같은 개념입니다. 디지털 카메라 역시 화소라 불리는 일종의 빛의 점들을 찍어 사진을 구성하기 때문이죠. 화소가 많다면 같은 공간에 더 작은 점들을 더 많이 더 촘촘하게 찍을 수 있으므로 사진의 선명도가 훨씬 높아지게 되지요. 우리의 눈은 디지털 카메라에 비할 수 없을 만큼 촘촘하고 수많은 화소가 존재하는 고성능 카메라입니다.

현대의 투시, 인공시각

'본다' 는 것은 이렇게 전기적인 신호의 집합체이기 때문에, 시각을 잃은 사람들을 위한 인공시각의 개념도 여기서 시작되었습니다. 단, 현재까지 접근할 수 있는 개념은 눈 자체에 이상이 있는 경우에 한합니다. 아직까지 뇌에서 시각을 처리하는 시각피질에 대해서는 연구가 그다지 진행되어 있지 않아서, 이 부분이 손상되면 시각을 회복하기가 거의 불가능합니다.

인공시각은 크게 두 가지 접근법을 가지고 있습니다. 생물학적 접근과 공학적 접근이 그것이죠. 그 중 생물학적 접근이란 눈을 새

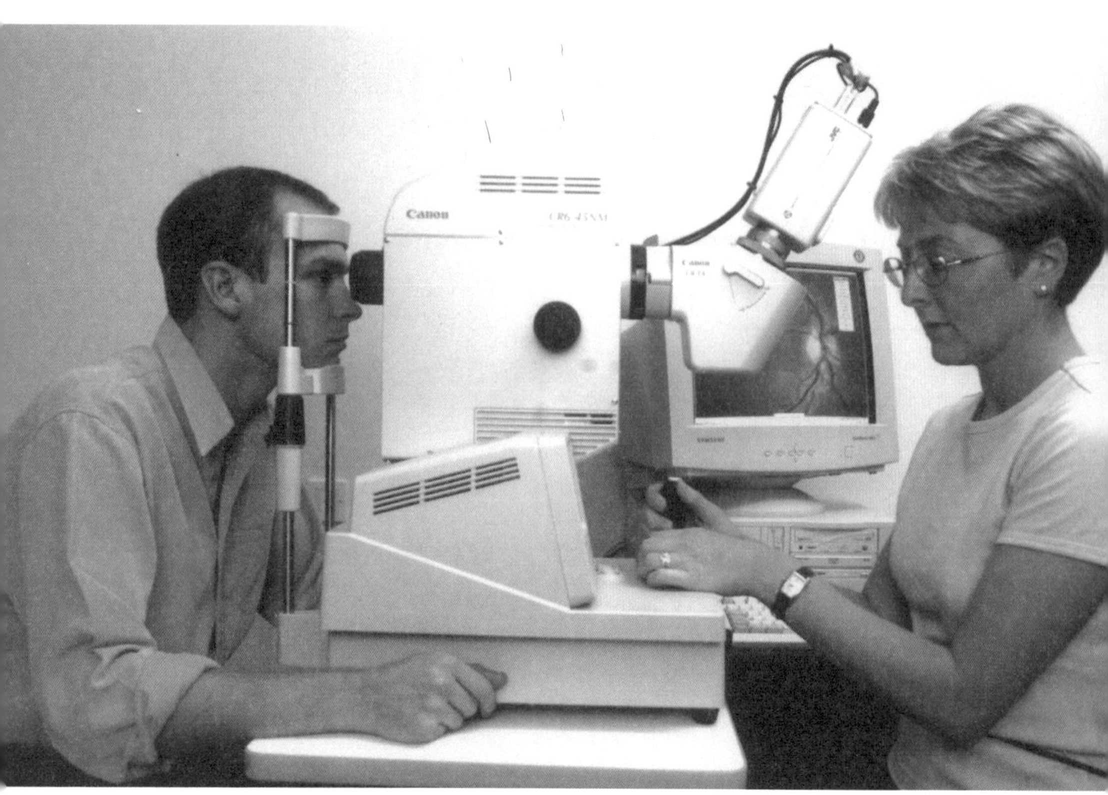

로이 발생시키는 것을 의미합니다.

2003년 일본 도쿄대학교의 아사지마 마코토淺島誠 교수는 개구리의 눈을 인공적으로 발생시키는 실험에 성공한 바 있습니다. 이들은 개구리의 배胚, embryo에서 분화되지 않은 미분화 세포, 즉 줄기세포를 추출해내어 세포 분화를 유도하는 물질인 악티빈activin을 처리해 시험관에서 수정체와 망막까지 갖춘 완전한 눈을 만들어내는 데 성공했습니다. 이에 마코토 교수팀은 「초기 개구리 발생 중 안구의 시험관에서의 분화 유도와 이식 *In vitro induction and transplantation of eye during early Xenopus development*」이라는 논문을 발표했습니다.

마코토 교수는 시험관에서 만든 개구리의 안구를 인위적으로 눈을 적출한 올챙이에 이식하여 생착시키는 데까지도 성공했습니다. 시험관 안구를 이식 받은 올챙이는 별 탈 없이 생존하여 약 1주일 후, 눈에 빛을 비추면 반응을 보이는 등 시력이 다시 살아났음이 확인되었답니다. 만약 이 실험이 순조롭게 발전한다면, 언젠가는 사고로 눈을 잃은 사람의 경우, 자신의 세포에서 새로운 눈을 만들어 시력을 회복할 수 있는 것도 꿈이 아니게 됩니다.

생물학적인 인공시각의 접근방법이 아직 동물 실험 수준에 머물러 있는 것과는 달리 공학적 인공시각의 개발은 이미 인간에게 실현단계에 와 있습니다. 그 중 인공 실리콘 망막artificial silicon retina, ASR은 미국의 시각생명공학 회사인 옵토바이오닉스Optobionics의 초우 형제에 의해서 이미 실험되었습니다.

소아과 안과 전문의였던 알렌 초우 박사는 전기기사인 동생 빈센트 초우의 도움을 받아 옵토바이오닉스를 설립하고 인공망막에 대한 연구를 거듭해 ASR을 개발해냈습니다. ASR은 지름 2mm, 두께 1/1,000인치의 미세한 실리콘 칩입니다. 이 칩에는 전극과 마이크로포토다이오드Microphotodiodes라고 불리는 초소형 태양 전지 3,500개가 집적되어 있어서, 손상된 망막을 대신해 빛을 인식해 이를 전기적 신호로 바꾸어주는 역할을 하게 됩니다.

ASR이 기존의 인공시각 기계들과 다른 점은 태양 전지의 원리를 이용하기 때문에 특별한 외부 전원이나 배터리가 필요 없다는

놀라운 투시력

매스컴에는 "나는 투시를 할 수 있다"는 다양한 형태의 사람들이 나타났다 사라지곤 합니다. 물론 그 진위여부는 확인 과정에서 사이비로 판명된 수가 많았습니다. 얼마 전에는 일본에서 투시카메라가 발명되어 국내에까지 들어오기도 했지요. 이 모두가 보지 못하는 새로운 세계에 접근하고자 하는 열망 때문인데요. 과학의 힘으로 시력을 회복하거나 눈먼이들을 고치는 일이 우선되어야 하지 않을까요?

것입니다. 눈의 망막하Subretinal space라고 불리는 위치에 이식하면, 스스로 빛을 받아서 에너지를 얻고 전기 신호를 전달할 수 있기 때문이죠. 이 ASR은 2000년 6월 드디어 세 명의 시각 상실 환자들에게 이식된 것을 시초로 10명 정도의 환자에게 이식되었습니다. 이식 결과 환자들은 완전한 시력을 회복하지는 못했지만, 적어도 움직이는 물체를 구별하여 일상생활이 가능한 정도의 시력은 얻은 것으로 알려져 있습니다.

미국 뉴욕의 의료장비업체인 도벨연구소The Dobelle Institute는 뇌에 직접 전극electrode을 삽입하는 인공시각 시스템을 개발하고 있습니다. 옵토바이오닉스의 ASR이 황반변성증 등 특정한 몇몇 병으로 시각을 잃은 사람에게만 이식이 가능한 것과는 달리 이 시스템은 더 많은 사람들에게 적용이 가능합니다.

도벨연구소의 발명품은 선글라스의 렌즈에 초소형 핀홀 카메라와 초음파 거리계를 부착하고 이들이 수집한 정보를 허리에 차고 다닐 정도의 작은 크기의 소형 컴퓨터와 연결해 영상 신호를 처리하여, 뇌 속에 삽입된 전극을 통해 직접 뇌로 신호를 전달하도록 되어 있습니다.

2000년에 실시한 임상 실험 결과, 시각 장애인이 약 1.5m 앞에서 5cm 정도의 글씨를 구별하고, 벽에 걸린 모자를 찾아 마네킹의 머리에 씌우는 데까지 성공했답니다. 다음 그림은 도벨 시스템을 사용한 시각 장애인의 인식도인데, A는 정상적인 시각으로 본 모습이

도벨 시스템을 사용한 시각 장애인의 인식도.

고, 도벨 시스템을 이용하면 B의 그림처럼 보이게 됩니다. 도벨연구소측은 포르투갈에서 8명의 실명환자를 상대로 이 같은 인공시각 장치를 시술, 환자들로부터 만족스런 평가를 받고 있다며 일례로 18년 전에 실명한 캐나다인 농부 젠스는 이 장치를 부착한 뒤 집안을 돌아다닐 수 있게 됨은 물론 자동차 운전도 어느 정도 가능하게 됐다고 밝혔습니다. 물론 젠스가 인식하는 흑백의 이미지는 실제 이미지는 아닙니다. 이는 운동 경기 스코어 전광판이 깜빡이면서 점수를 나타내는 것과 같은 정도이죠.

그러나 이후에도 도벨의 연구가 제대로 진행된다면 외화 「스타트랙」의 조르디처럼 눈에 일종의 선글라스처럼 생긴 기계장치를 쓰는 것만으로 시력을 회복할 수 있을지도 모릅니다.

다만 아직까지는 장비의 소형화와 고성능 컴퓨터를 사용하기 때문에 가격이 비싸다는 단점이 남아 있습니다.

빛을 되찾아주는 과학

사람들은 자신이 가지고 있지 않는 능력에 대해 동경하는 경향이 있습니다. 볼 수 없는 것들을 보고 싶어하는 간절한 소망이 만들어낸 것이 투시라는 개념일지도 모릅니다. 그러나 우리는 가끔 우리가 사물을 볼 수 있다는 것이 얼마나 큰 축복인지를 잊고 사는 것 같습니다. 눈을 통해 세상의 빛과 아름다움을 늘 보고 있기에 이를 인식하지 못하고 있습니다. 볼 수 없는 것을 보려고 하는 것보다는 우리가 보는 것을 제대로 인식하고 그에 감사할 줄 아는 것이 더 중요하다는 사실을 기억하세요. 그리고 우리가 개발해야 하고, 노력해야 하는 것은 투시력을 개발하는 허황된 꿈이 아니라, 시력을 잃은 이들에게 빛을 되찾아주고 그들이 우리가 보는 세상을 함께 누릴 수 있게 해줄 기술의 발전이라는 것을 명심해야 할 것입니다.

로봇의 눈

영화 「터미네이터」 시리즈를 보면, 가끔 지능형 로봇인 터미네이터의 입장에서 사물을 바라보는 장면이 등장하곤 합니다. 이때 터미네이터가 바라보는 세상은 마치 붉은색 선글라스를 쓴 것처럼 온통 붉게 보일 뿐 아니라, 실제로는 존재하지 않는 자료 데이터까지 보이곤 합니다. 아마도 터미네이터의 시각을 붉은색으로 처리한 이유는 빛이 없는 어두운 데서도 사물을 볼 수 있게 해주는 적외선 안경에서 착안한 장치인 듯한데, 로봇이 이렇게 꼭 한 가지 색깔로만 세상을 봐야 한다는 법은 없습니다. 로봇 역시 인간과 마찬가지로 256만 컬러를 즐길 수 있는 권리가 있으니까요.

본문에서는 주로 인체에 이식할 수 있는 인공시각에 대해 이야기했는데, 인공시각 분야는 로봇 연구 분야에서도 활발합니다. 인간과 소통할 수 있는 지능형 로봇이 등장하기 위해서는 사람처럼 사물을 인지하는 방식을 로봇에게 가르쳐주어야 하고, 그 인지방식으로 시각을 이용하는 것만큼 효율적인 것은 없기 때문이지요. 이에 많은 학자들은 로봇에게 선사할 '로봇의 눈'의 개발에 힘을 쏟고 있습니다.

이에 2003년 미국 카네기 멜론대학교의 한스 모라벡 교수는 시각을 갖춘 로봇을 만드는 데 성공했다고 발표한 바 있습니다. 모라벡 교수가 개발한 시스템은 두 대의 디지털 카메라와 로봇의 컴퓨터 두뇌에 설치된 3D 격자로 구성되어 있습니다.

이 로봇이 물체를 보는 방법은 인간이 두 눈을 사용해 물체를 보는 방법과

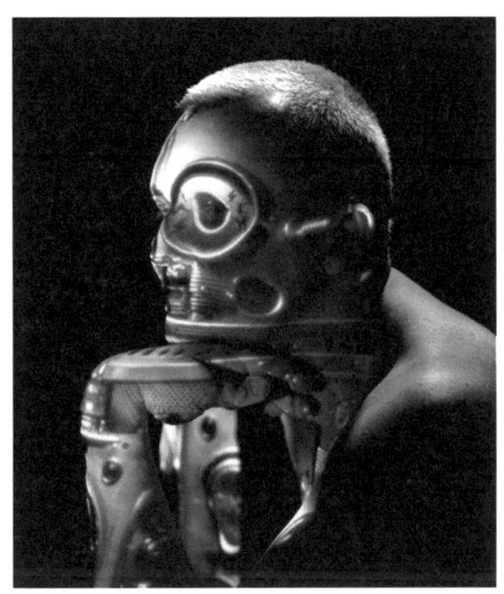

특수조명을 이용해 로봇으로 분장한 한스 모라벡 교수.

비슷합니다. 인간의 눈은 두 개이고 미간을 사이에 두고 떨어져 있어서 양쪽 눈은 서로 초점이 달라 약간은 다른 영상을 보고 있습니다. 이는 한쪽 눈을 감고 자신의 코를 내려다보면 쉽게 알 수 있습니다. 왼쪽 눈을 감으면 코는 오른쪽에 있는 것처럼 보이고, 오른쪽 눈을 감으면 왼쪽에 있는 것처럼 보이죠? 이렇게 인간의 눈은 서로 약간 다른 상을 보기 때문에 이 두상이 합쳐지면서 깊이와 거리, 즉 원근감을 느낄 수 있지요. 모라백 교수가 발명한 시스템 역시 두 대의 디지털카메라가 찍은 이미지의 차이를 기하방정식을 이용해 물체와의 거리를 측정하는데, 여기에 로봇에 내장된 3D 격자(약 3200만 개의 디지털 구분선으로 이루어진 격자)가 계산값과 실제값의 미묘한 차이를 보정하여 로봇의 눈 앞에 보이는 사물의 정확한 위치와 거리를 측정할 수 있게 해준다는 것입니다. 이 실험이 성공한다면 지금의 로봇 청소기처럼 벽에 부딪쳐야만 돌아나오는 것이 아니라, 벽에 부딪치기 전에 방향을 바꿀 수 있는 로봇이 등장하겠지요.

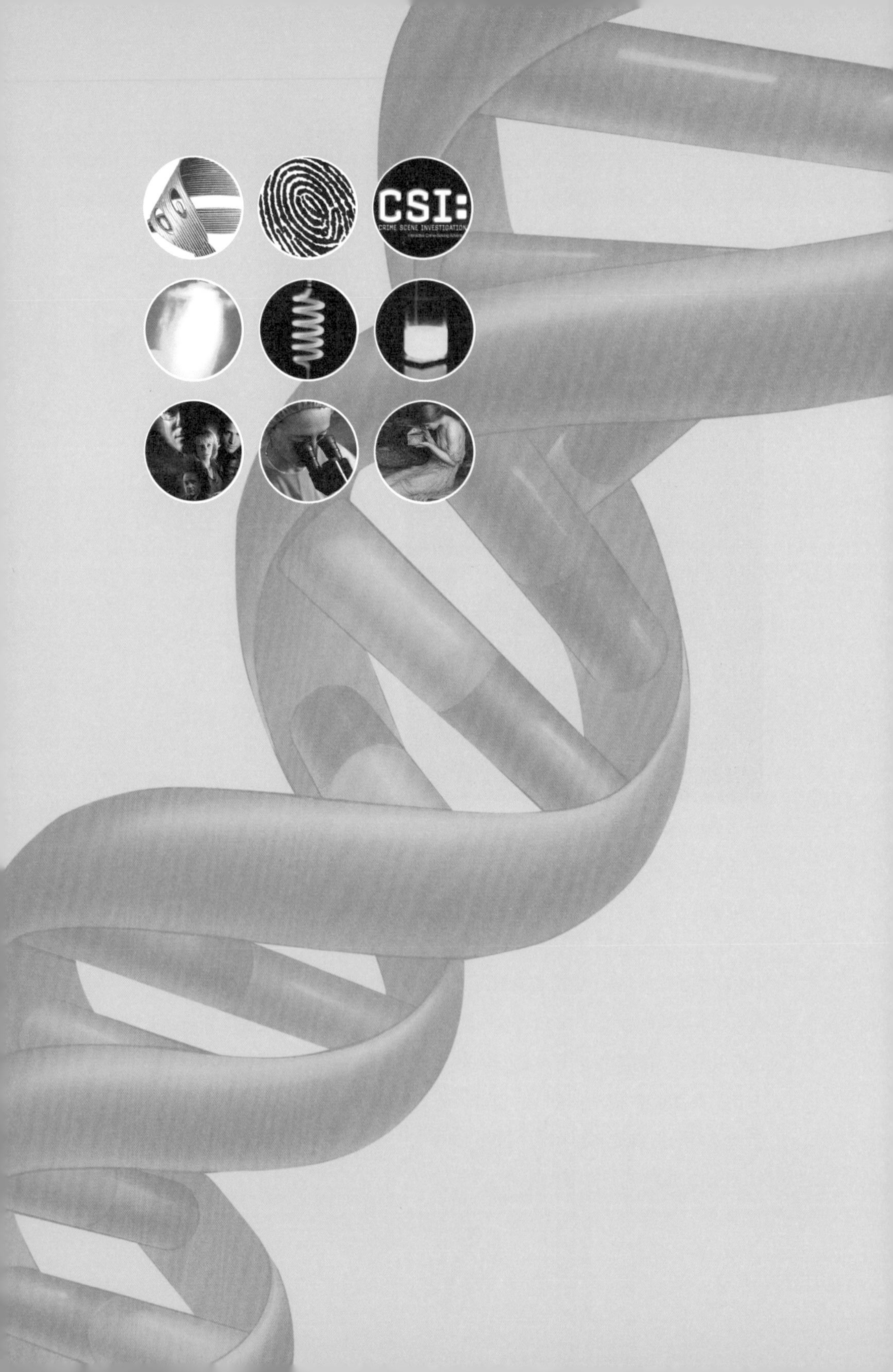
CSI:
CRIME SCENE INVESTIGATION

5

증거를 통해 사건을 해결하는 과학수사의 세계

_사이코메트리와 법의학

현대 과학 기술은 우리에게 사물의 기억을 읽어내는 능력을 선사했습니다. 즉, 관련 증거를 수집해 이를 분석하고 추론해 과거를 재구하는 것이지요.

"범인이 두고 간 단서는 이것뿐이야."

"이게 뭐죠? 종이로 만든 고리 같은데."

"이건 뫼비우스의 띠야."

"뫼비우스의 띠?"

"그래, 사건은 미궁이고, 유일한 단서는 범인이 두고 간 이 기묘한 종이조각뿐이야. 이제 네 힘이 필요해, 에지."

"글쎄 한번 해보죠. 음…… 보이는 건 가위와 육각형 그리고 별."

위 에피소드는 『미스터리 극장 에지』라는 일본 만화의 일부분입니다. 여기서 잠깐 뫼비우스 띠에 대해 알아두는 것도 좋겠죠. 뫼비우스의 띠는 직사각형 띠 모양의 종이를 한번 꼬아서 끝과 끝을 연

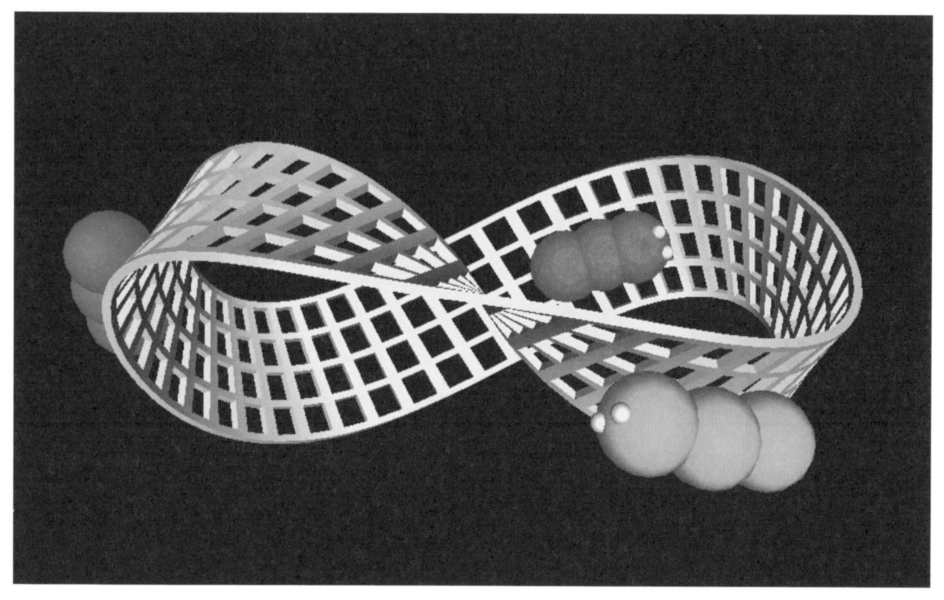

뫼비우스의 띠_ 시작과 끝, 안과 밖의 구별이 없는 무한곡면인 뫼비우스의 띠.

결했을 때 생기는 곡면입니다. 독일의 수학자 뫼비우스가 처음으로 제시하였기 때문에 뫼비우스의 띠라고 부르지요. 이렇게 만들어진 띠는 면이 한 개밖에 없어서 앞면과 뒷면의 구별이 없고 좌우의 방향을 정할 수 없습니다. 또한 뫼비우스의 띠 가운데에 선을 긋고 이 선을 따라서 가위질을 하면 폭은 원래의 절반이고 길이는 두 배가 되는 하나의 고리가 만들어지는 특성을 가지고 있지요.

어쨌든 만화 속에서 불량스러워 보이는 고등학생 에지는 우연한 기회에 엘리트 여형사 시마를 알게 되고, 그녀를 도와서 미궁에 빠진 사건들을 해결하는 활약을 하게 됩니다. 아직 고등학생일 뿐인 에지가 어떻게 경찰들도 못 푼 어려운 사건들을 해결할 수 있을까요? 만화 속에서 에지는 사이코메트리라는 특별한 능력을 지닌 소년, 즉 사이코메트러psychometrer로 등장합니다.

사물을 읽는 힘, 사이코메트리

사이코메트리Psychometry. 이 말은 그리스어의 'Psyche(혼, 영혼)' 와 'metron(측정)' 이라는 단어가 합성된 말로서, '사물에 깃들인 혼을 측정하고 해석하는 능력' 이라는 뜻입니다. 이 단어는 미국의 과학자 J. R. 버캐넌이 제창했다고 알려져 있는데, 어떠한 물질을 통해서 과거의 잔상을 읽어낸다는 점에서 투시의 일종입니다. 사이코메트리를 주장하는 사람들은 인간이나 생명체가 아닌 식물이나 물건들에게도 그것이 겪어온 과거가 어떠한 형태로든 기록되어 존재한다고 말합니다. 그것은 때로는 사물에도 각각의 혼이 스며 있기 때문이라고도 하고, 때로는 사물에 우리가 알지 못하는 사이 전자기적인 정보의 흐름이 새겨지기 때문이라고도 합니다. 대부분의 사람들은 이를 전혀 알 수 없지만, 개중에 특별히 영감이 발달되어 있고 심령적 현상에 민감한 사람들은 이렇게 '기억이 남아 있는 물건' 을 만지는 것만으로도 그 물건이 과거에 겪은 일들을 읽어낼 수 있다고 말합니다.

그렇다면 과연 이런 능력이 실재할까요? 이를 주장하는 사람들은 실제로 이러한 능력을 가진 사람들이 있으며 이들이 이 비밀스

사이코메트리는 괴로워

말하지 않고도 상대방의 마음을 읽을 수 있다면 정말 좋겠죠?
일종의 텔레파시나 사이코메트리라도 말이죠.
그런데 만약 듣고 싶지 않은데 듣게 된다거나
닭을 먹으려는 순간 닭의 기억을 보게 된다면 좀 곤란하겠죠 ^^

런 능력을 이용해 범죄 수사에 도움을 주고 있다고 주장합니다. 또한, 범죄 해결에 결정적인 역할을 하는 사람들을 보호하기 위해서 그들의 신변을 숨기고, 그들의 능력을 부정한다고 주장하기도 하지요. 이런 종류의 이야기 중 가장 유명한 이야기는 제라드 크로와젯Gerard Croiset의 일화로, 기록에 따르면 그는 제2차 세계대전 이후 네덜란드 경찰에 실종자의 행방과 살인자의 정보를 제공해 미궁 사건을 해결하는 데 공헌했다고 합니다. 종종 외국 드라마를 보면 20세기 중반까지 경찰에서 해결할 수 없는 사건에 초능력자를 등장시키는 이야기가 등장하곤 하여 실제로 이런 사람들이 있었고, 수사에 도움을 주었다는 심증을 굳히고 있습니다. 그러나 이후 대부분의 초능력 탐정들은 사기꾼에 가까웠다는 사실이 밝혀지면서 이들에 대한 신빙성은 희박해졌습니다. 사실 사이코메트리는 물체에서 기억을 읽어낼 수 있다는 능력보다 그 현상 자체가 더 신기합니다.

도대체 눈도 없고 귀도 없는 물체가 어떻게 그것과 접촉한 모든 시간과 공간의 기억을 간직하고 있을까요? 현대 과학에서는 이를 도무지 설명할 방법이 없기 때문에 이를 인정하고 있지 않습니다.

실존하는 사이코메트러, CSI 과학수사대

혹시 MBC TV에서 시리즈로 방영하던 「CSI 과학수사대」를 기억하시나요? CSI란 Crime Scene Investigation(범죄 현장 수사)의 약자로 범죄가 일어났을 때 가장 먼저 현장에 도착하여 사건 해결에 중요한 증거를 수집하여 이를 토대로 사건을 분석하여 범죄의 원인을 밝혀내는 감식 수사를 의미하는 말입니다. 동명의 드라마로 제작되어 유명해진 이 시리즈는 여러 종류의 스핀-오프spin-off* 드라마로 만들어질 정도로 최고의 인기를 누렸습니다.

미국에서는 이 드라마가 어찌나 인기를 끌었는지 'CSI 효과' 라는 신조어가 생겨났을 정도랍니다. 'CSI 효과' 란 1시간짜리 드라마 안에 여러 가지 사건이 모두 해결되는 상황에 매료되어, 실제로는 몇 주, 몇 달씩 걸리는 증거물들의 검증 작업이 단 3~4일이면 해결된다고 믿거나, 모든 상황적 증거가 충분한데도 결정적이고 확실한 증거가 없다는 이유로 유죄 판결을 꺼리는 배심원들이 늘어나는 현상을 의미한다고 해요.

드라마의 인기가 워낙 좋다보니 일어나는 작은 해프닝이겠지만, 어쨌든 현대 과학수사의 힘은 과거에는 상상할 수도 없었던 숨겨진 사실들을 드러내곤 하지요. 이들은 다른 수사관들이 도착하기 이전에 범죄 현장에 도착하여 현장이 훼손되기 전에 최대한 많은 증거들을 수집합니다. 혈흔, 지문, 발자국을 비롯해 범인이 남긴 모

---

*스핀-오프 드라마

어떤 드라마에서 파생되어 나온 드라마로 속편하고는 다른 개념입니다. 속편이 전편의 주인공이 그대로 등장하여 내용만 다르게 진행되는 것과는 달리, 스핀-오프 드라마는 전편의 조연들을 주인공으로 등장시켜 전혀 다른 이야기를 만들거나, 전편과 내용이나 구조는 같으나 등장인물이 전혀 다를 수도 있습니다. 유명 외화 「CSI 과학수사대」의 스핀-오프 드라마로는 「CSI 뉴욕」과 「CSI-마이애미」가 있고요, 영화에서는 「배트맨」에서 나온 「캣우먼」, 「데어데블」의 엘렉트라가 주인공이 되어 나온 「엘렉트라」 등이 있습니다.

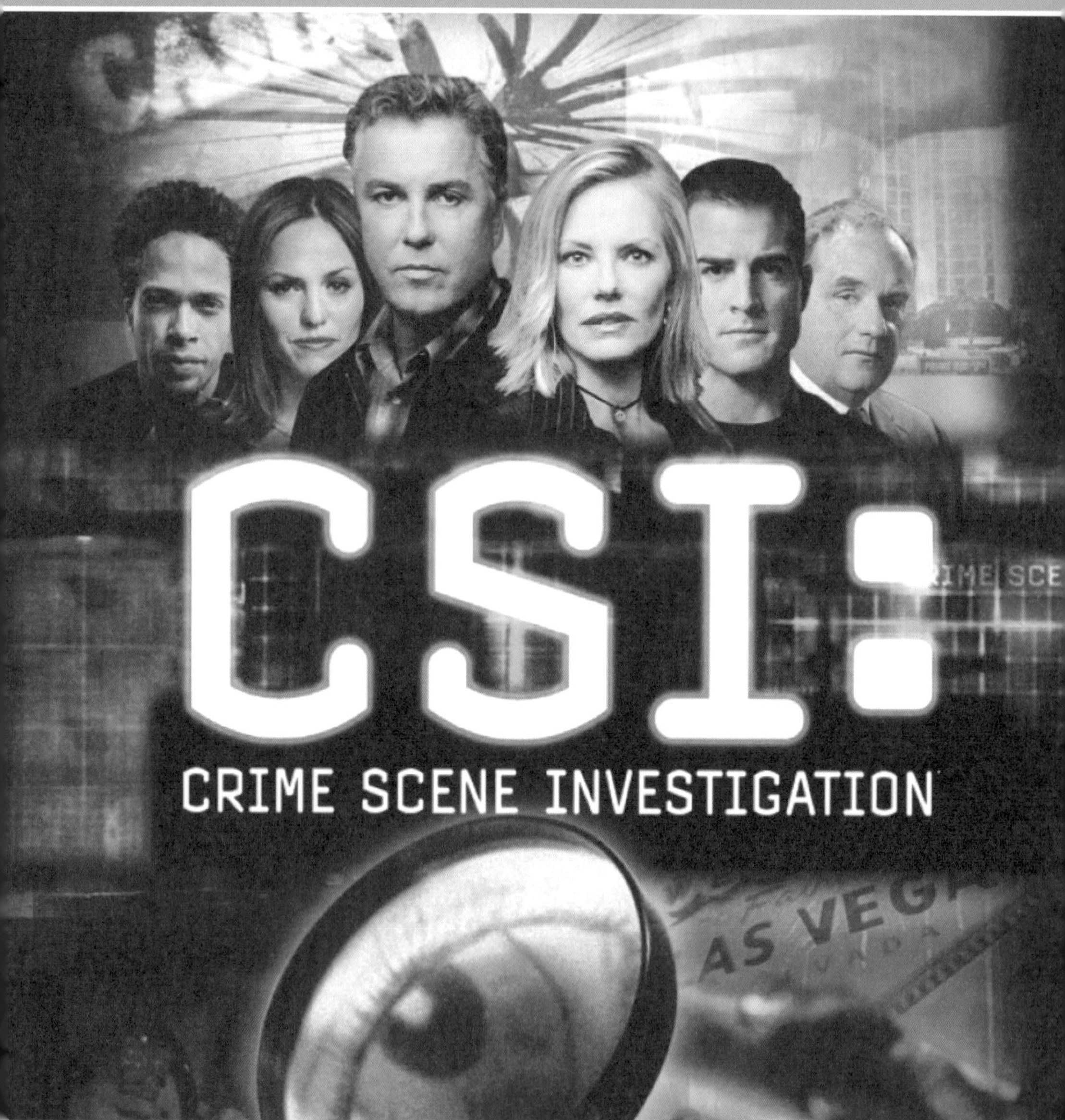

CSI 과학수사대_ CSI 과학수사대는 사건 해결에 중요한 증거수집과 사건의 직접적 원인을 밝혀내는 감식수사관(국내명칭: 과학수사대)을 소재로 한 미국 CBS TV드라마입니다.

든 것을 찾습니다. 모근이 붙어 있는 머리카락에서는 유전자를 얻을 수 있습니다. 사람은 하루에 50~80개의 머리카락이 저절로 빠지기 때문에 현장에 머리카락을 흘리고 가기 쉽지요. 이런 직접적인 증거들뿐 아니라, 범죄 현장에 놓여 있는 물품이라면 뭐든지 그들의 눈을 피해갈 수는 없지요. 범인이 마시던 음료수 잔, 피우다 버린 담배꽁초나 씹던 껌, 심지어는 모자나 옷에서도 유전자 추출이 가능합니다. 사람의 침이나 저절로 탈락된 피부세포에서도 DNA를 추출하여 이를 증폭하는 기술이 개발되었거든요. 1983년 캐리 뮬리스는 DNA의 원하는 부위를 무한정 증식시킬 수 있는 중합효소연쇄반응(PCR)을 개발하였지요. 이 방법은 단 몇 가닥의 DNA만 있어도 우리가 실험에 쓸 만큼 충분한 양의 DNA를 얻을 수 있게 해줍니다. 따라서 범죄 현장에 아주 조금이라도 범인의 DNA가 남아 있다면 이를 증폭할 수 있어, 사건 해결에 많은 도움을 줄 수 있습니다. 또한 DNA 증폭 방법은 많은 생물학 실험들을 용이하게 해주었고, 고고학의 발전에도 도움을 주었습니다. 캐리 뮬리스는 이 공로로 1993년 노벨 화학상을 수상하게 됩니다. 이 밖에도 범죄 현장에 놓여 있는 아주 작은 단서라도 그들의 눈에 뜨이면 범인을 검거하는 결정적인 증거가 되기 때문에 범죄 해결에 있어서 이들의 역할은 매우 중요합니다. 미국은 각 주마다 CSI팀이 구성되어 있어 과학적인 범죄 해결에 힘쓰고 있지요.

가끔 TV에서 방영되는 사극을 보면 죄인을 심문하는 장면이 나옵니다. 예전에는 범인을 밝혀내는 과정에서 가장 결정적인 증거는 범인의 자백이었습니다. 따라서 범인으로 의심되는 자가 생기면 자백을 받아내기 위해서 심한 고문과 가혹 행위가 따르는 경우가 다반사였지요. 그러나 매에 장사 없다고 심한 고문을 가하면 고통에서 벗어나기 위해서 저지르지도 않은 죄를 저질렀다고 허위 자백을 하는 경우가 많기 때문에 현재의 법정에서는 객관적인 증거가 없는 범인의 자백은 증거로 인정하지 않습니다. 범인에게 죄를 묻기 위해서는 반드시 객관적이고 과학적으로 범죄 사실을 증명할 수 있는 증거가 필수적입니다. 따라서 현대 범죄 수사에서는 과학수사가 절대적으로 중요한 역할을 합니다.

과학수사와 국립과학수사연구소

그렇다면 과학수사란 뭘까요? 과학수사란 사건의 진상을 명확히 밝히기 위해 막연한 추론이나 심증이 아니라 현대적인 시설과 장비를 가지고 과학적인 지식과 기술을 범죄 수사에 활용하는 것을 말합니다. 고도로 발달된 현대 사회는 각종 문명의 이기들을 발달시켜 인간 생활에 편리함을 가져다주었으나, 그만큼 범죄도 다양해지고 지능적으로 변해가고 있습니다. 따라서 약삭빠른 범인들을 잡기 위해서 수사 방식도 그만큼 전문적이고 과학적으로 대응하고 있지요.

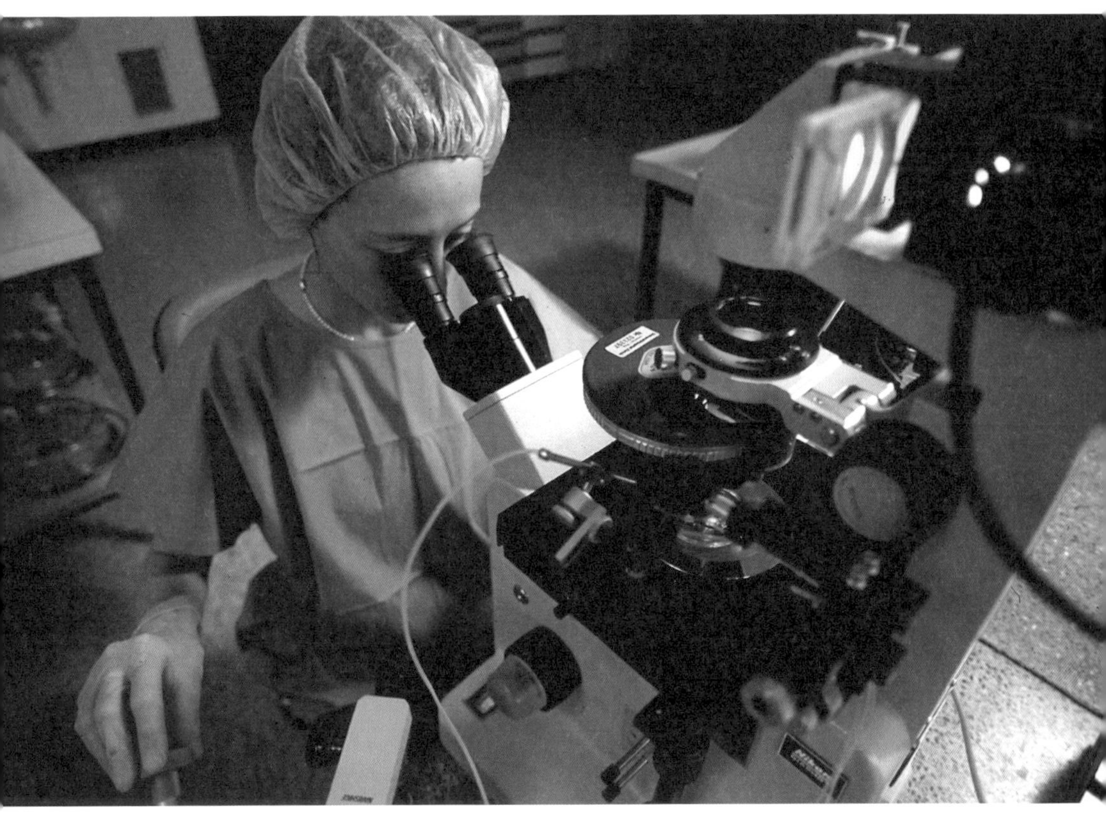

과학수사Scientific investigation란 과학적인 지식과 과학 기구를 이용하는 체계적이고 합리적인 수사 방식을 말합니다. 여기에는 의학, 생물학, 화학, 생화학, 물리학, 독물학, 혈청학 등 자연 과학의 모든 분야는 물론 범죄학, 사회학, 논리학, 심리학 등 사회 과학적인 원리까지 총동원됩니다. 이런 학문 분야를 통틀어 법과학Forensic Science이라고 하기도 합니다.

과학수사의 시대_ 현대 사회의 범죄가 신속화 · 광역화 · 흉포화 되는 반면 개인주의와 익명성이 증대되어 자료 수집의 한계가 두드러집니다. 과학수사는 물증의 확보를 통해 다양화 · 지능화된 범죄를 해결하지요.

법과학의 필요성은 오스트리아의 법관 한스 그로스Hans Gross,

1847~1915가 처음 주장했고, 프랑스의 에드몽 로카르드Edmond Locard에 의해 실현되었습니다. 로카르드는 1910년 프랑스의 리옹 경찰청에 처음으로 과학 연구실을 만들고 스스로 실장이 되어 범죄 해결에 과학적인 방법을 실질적으로 도입시킨 인물이지요. 우리나라의 경우 초기에는 경찰에서 과학수사의 일종인 감식 업무를 실시했으나 1955년 국립과학수사연구소(이후 국과수)가 설립되어 경찰청과 공조하고 있습니다. 현재 법의학, 생물학, 약독물학, 문서감정, 화학분석, 물리 분석, 범죄심리 분석, 교통공학연구는 국과수에서, 지문, 족흔(발자국), 거짓말탐지기, 몽타주 분석, CCTV 판독 등은 경찰청 과학수사과에서 서로 나누어 담당하고 있다고 합니다.

예를 하나 들어볼까요. 어떤 집에 강도가 들어 주인을 살해하고 금품을 훔쳐 달아난 사건이 일어났습니다. 사건 며칠 후, 그 근처에서 도둑질을 하던 사람이 잡혀왔는데 이 사람이 며칠 전 살인 사건의 범인으로 강력히 의심됩니다. 그렇다면 그가 진짜 범인인지 아닌지를 어떻게 밝혀낼 수 있을까요?

예전이었다면 용의자를 물고를 내서 이실직고를 받아내는 방법을 썼을 테고, 만화의 에지라면 피해자를 해친 흉기를 사이코메트리해서 거기서 범인의 인상을 읽어냈을 테지만, 현재의 수사관이라면 각종 증거들을 모아 국과수로 보내어 감정 결과를 기다릴 겁니다. 국과수에서는 먼저 법의학과에서 시신을 검시해 죽음의 종류(자연사, 병사, 자살, 타살 등)와 사인死因, 사망 추정 시간 등을 밝혀냅니다. 만약 피해자가 타인에게 흉기에 찔려서 사망한 것이 분명하다면 먼저 흉기가 어떤 종류인지 밝혀야겠죠. 피해자에게 남은 상처 자국의 깊이와 모양, 각도 등을 조사하면 흉기의 종류와 모양, 날카로운 정도뿐만 아니라, 가해자가 왼손잡이인지 오른손잡이인지도 밝혀낼 수 있답니다. 자, 용의자의 집을 수색하여 흉기로 의심되는 물건과 범행 당시 입은 옷을 찾아냈습니다. 여기에서 가해자의 지문과 피해자의 핏자국을 발견할 수 있다면 수사가 빨리 끝날 테지만, 이런! 그는 용의주도하게도 벌써 흉기와 옷을 깨끗이 씻어버렸네요. 그렇다면 이젠 방법이 없을까요?

이런 경우에도 방법은 있습니다. 루미놀 검사Luminol Test라는 것인데, 이것은 루미놀의 알칼리 용액과 과산화수소수를 섞은 혼합액입니다. 루미놀은 과산화수소수와 만나면 산화되어 푸르스름한 형광 빛을 띠게 되는데, 이 과정을 일으키는 데는 촉매가 필요합니다. 우리의 피 속에 존재하는 적혈구의 헴헤민, heme은 루미놀 반응

루미놀 검사_ 검은색 바탕에 형광을 발하는 파란색 빛이 보이죠. 그냥 보면 어둠 속 네온사인 같지만 이것은 루미놀 검사의 용례입니다. 피를 흘려보냈던 관에 루미놀 용액을 뿌리면 이 같은 사진을 찍을 수 있답니다.

의 좋은 촉매입니다. 따라서 피가 묻은 곳에 루미놀 용액을 뿌리고 불을 꺼 어둡게 하면, 헴이 촉매가 되어 화학 반응이 일어나 산화된 루미놀이 푸른 형광으로 빛나게 됩니다.

이 루미놀 반응은 그 민감도가 매우 뛰어나서, 혈액이 10,000배로 희석되어도 반응이 나타나기 때문에 눈으로 보이지 않는 핏자국이나 심지어는 빨래가 끝난 옷에 남아 있는 미량의 혈액도 찾아낼 수 있어서 범죄 수사에 매우 유용하게 사용되고 있지요. 그러나 루미놀은 반드시 혈액에서만 반응하는 것은 아닙니다. 루미놀 산화 반응을 촉매할 수 있는 물질이라면 무엇이거나, 예를 들어 금속의 녹이나 일부 채소즙, 과일즙 등의 물질이라면 형광을 나타내게 할 수 있기 때문에, 이 자체로 혈흔이라고 확정할 수는 없지요.

좀더 확실한 결과를 원한다면 유전자 검사를 해야 합니다. 범죄 현장에 떨어진 머리카락을 비롯한 체모體毛, 혈액, 정액, 침 등에서 세포를 분리하여 유전자 검사를 할 수 있습니다. 인간의 유전자는 개인마다 특정한 염기 서열을 갖고 있기 때문에 다른 말로 유전자 지문이라고 부를 정도입니다. 유전자는 생명체를 만드는 설계도라고 할 수 있습니다. 저마다 모양이 다른 집은 서로 다른 설계도에 의해 지어진 것처럼, 인간의 유전자도 개인에 따라 조금씩 다르게 나타납니다.

사실 인간의 유전자를 분석하는 것은 쉽지 않습니다. 인간의 유전자 전체를 이루는 DNA는 약 30억 쌍, 이 수많은 DNA를 처음부터 끝까지 비교하는 일은 얼핏 생각해봐도 쉬운 일은 아닙니다. 따라서 범인 식별 혹은 미아의 친자 확인을 위해 유전자 검사를 하는 경우, 인간의 염색체 전체를 분석하는 것이 아니라 유난히 변이가 심해서 개개인마다 서로 다른 염기서열을 갖는 부위만을 집중 공략하는 방법을 사용합니다. 그리고 이 부위는 일란성 쌍둥이를 제외하고는 모든 사람이 서로 다르기 때문에, 이를 일컬어 '유전자 지문(DNA fingerprinting)' 이라고 하지요. 마치 우리가 지문을 비교할 때 손바닥 전체를 비교하는 것이 아니라, 한 손가락의 지문만 비교해도 충분히 구별할 수 있는 것처럼 유전자 지문 역시 모든 DNA를 다 분석, 비교하는 것이 아니라, 그 중 특징적인 일부만을 보는 것입니다. 이런 DNA 부위는 부위에 따라 STR(short tandem repeat), VNTR(variable number of tandem repeat), SNP(single nucleotide polymorphism) 등이 있습니다.

유전자 지문은 대개 검사 대상의 DNA 중에서 STR을 10여 군데 이상 뽑아내어 이를 비교 분석하게 되는데, 이 경우 서로 다른 사람의 유전자 지문이 일치할 확률은 400억분의 1로, 지구상의 인구는 많아야 70억 정도이니 우연히 유전자 지문이 일치할 확률은 거의 제로에 가깝게 됩니다. 만약 범죄 현장에 떨어진 머리카락의 모근 세포에서 유전자를 추출하여 이를 용의자의 것과 비교했을 때, 그 결과가 같다면 이제는 도망갈 구석이 없게 되지요.

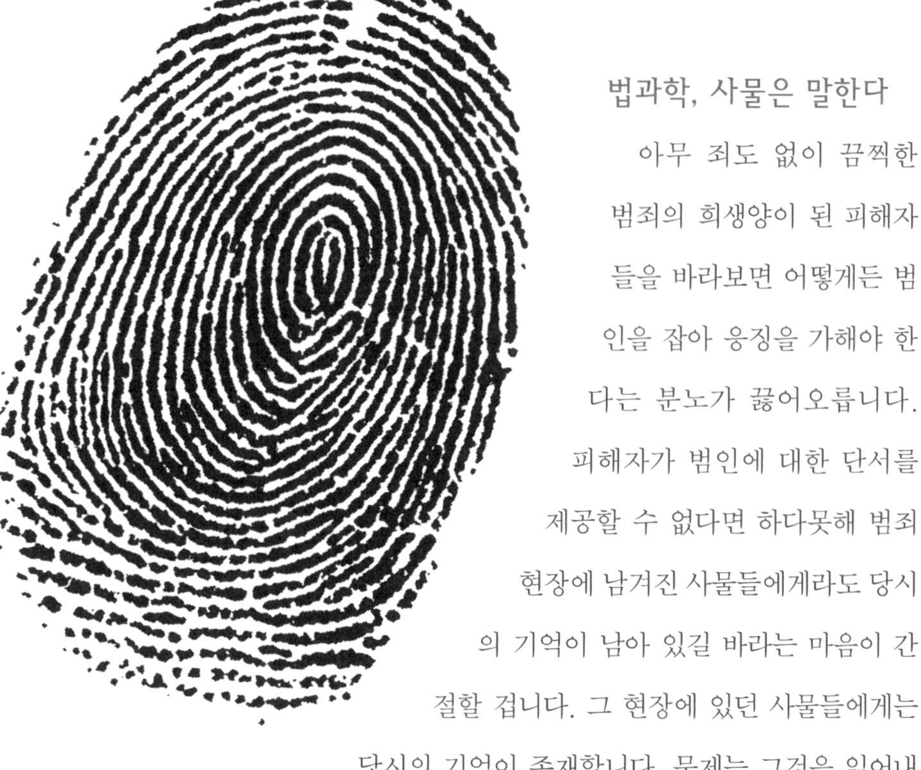

법과학, 사물은 말한다

아무 죄도 없이 끔찍한 범죄의 희생양이 된 피해자들을 바라보면 어떻게든 범인을 잡아 응징을 가해야 한다는 분노가 끓어오릅니다. 피해자가 범인에 대한 단서를 제공할 수 없다면 하다못해 범죄 현장에 남겨진 사물들에게라도 당시의 기억이 남아 있길 바라는 마음이 간절할 겁니다. 그 현장에 있던 사물들에게는 당시의 기억이 존재합니다. 문제는 그것을 읽어내는 방법일 뿐이죠.

하나뿐인 지문_ 1823년 체코의 생리학자 푸르키네는 지문을 9가지 형태로 나누어 분석했습니다. 하지만 태아 때 형성된 지문은 평생 변하지 않고 누구도 같지 않기 때문에 지문은 개인식별의 중요한 요소가 되었습니다.

이전에 우리는 사물의 기억을 읽어내는 방법을 몰랐습니다. 그래서 사이코메트러라는 방법까지 동원하고 싶었는지도 모릅니다. 하지만 현대 과학 기술은 우리에게 이를 읽어낼 수 있는 능력을 선사했습니다. 그것은 사물에 손을 대고 네가 무엇을 보았는지 직접 물어보는 것이 아니라, 각종 증거들을 수집해 이를 분석하고 추론해 과거를 재구성하는 것입니다. 루미놀로 지워진 핏자국을 찾고, 인체의 모든 조각과 분비물에서 유전자를 찾아내며, 눈에 보이지 않는 지문과 발자국을 찾는 과정에서 발달한 현대 과학의 모든 분야가 총동원됩니다. 이들이 찾아낸 기억 조각들을 하나하나 맞추어 과거를 재구성할 때, 조각들이 많다면 더 확실하고 정확한 과거를 추론할 수 있을 테고, 영문도 모르고 짓밟힌 피해자의 인권을 조금이나마 회복시켜줄 수 있는 길이 될 것입니다. 사물에게서 과거를 읽어내는 법과학의 존재 이유는 바로 여기에 있습니다.

Science Episode

영혼의 어원

「골든 박스를 여는 프시케 *Psyche Opening the Golden Box*」, 존 윌리엄 워터 하우스John William Waterhouse의 1903년 작품.

Psyche. 그리스어식 발음은 '프시케'. 그리스 신화에 등장하는 에로스 신의 아내 이름입니다. 아름다운 '영혼' 또는 '나비'를 뜻하며, 영어로는 사이키라고 읽지요. 그리스 신화에서 프시케는 에로스의 어머니인 미의 여신 아프로디테에 버금가는 아름다움을 지닌 인간으로 이로 인해 아프로디테의 갖은 구박을 받게 됩니다. 그러나 프시케는 이 모든 역경을 이겨내고 마침내 사랑의 신 에로스와 결혼하게 됩니다. 수많은 고통을 견뎌내고 결국 사랑과 희열을 얻는다는 이 이야기는 인간 영혼의 고귀함을 나타내는 주제로 많이 쓰여 프시케가 곧 영혼을 뜻하는 말이 되었답니다.

이렇듯 오래전부터 영혼은 인간만이 가진 고귀한 것이고, 육체는 영혼을 담는 그릇으로 죽으면 썩어 흙으로 돌아가지만, 영혼은 영원히 살아남아 영생을 누린다고 믿어왔습니다. 그렇기에 동화 속 인어공주는 영혼을 얻기 위해 자신의 목소리와 함께 300년을 살 수 있는 인어의 긴 수명도 포기합니다.

그러나 최근에는 이런 영혼의 존재도 사실은 우리 뇌가 세상을 받아들이는 방식이 아닐까, 생각하는 사람들이 늘어나고 있습니다. 이런 인식의 변화는 우리가 정신질환phychosis을 받아들이는 방식에서도 나타나고 있습니다.

정신질환이란 정신기능의 장애 및 이상으로 행동하고 생각하는 과정에 혼란을 일으켜 일상생활에 적응하는 능력을 잃어버린 형태를 이야기합니다. 예전에는 정신질환자들은 악귀에 들렸거나 죄를 지어서 영혼의 벌을 받는 것이라 여겼기 때문에, 귀신을 쫓기 위해 푸닥거리를 하거나 죄인처럼 다루기 일쑤였죠. 그러나 현대 의학에서는 정신병을 뇌의 기능적 이상에서 오는 것이라는 생각 하에 정신병 치료에 다양한 정신요법과 함께 생리기능적 방법을 사용합니다. 생리기능적 치료란 배가 아프고 설사를 하는 것은 소화 기관에 문제가 생겼기 때문에 일어나는 것이기에 이를 진단하여 신체의 이상 상태를 바로 잡아주면 정상으로 되돌아온다는 전제하에 치료를 하는 것입니다. 따라서 정신장애 역시 육체적 원인에 의해서 일어난다는 전제를 두고, 이에 맞는 약물 등을 통해 치료를 하는 것입니다. 이 약물들은 뇌에서 분비하는 각종 신경전달 물질들 사이의 균형을 맞추어 증상을 완화시켜줍니다. 예를 들어 우울증에는 세로토닌, 정신분열증에는 도파민과 관련된 약물을 투여하면 증세가 상당히 완화되는 것을 관찰할 수 있습니다. 정신병은 한 번 걸리면 헤어날 수 없는 족쇄가 아니라 조기에 발견하면 치료를 통해 완치가 가능한 '질병'이란 것을 기억해두세요. 질병은 가능하면 초기에 빨리 치료받는 것이 여러 모로 좋다는 사실, 모두 알고 계시죠?

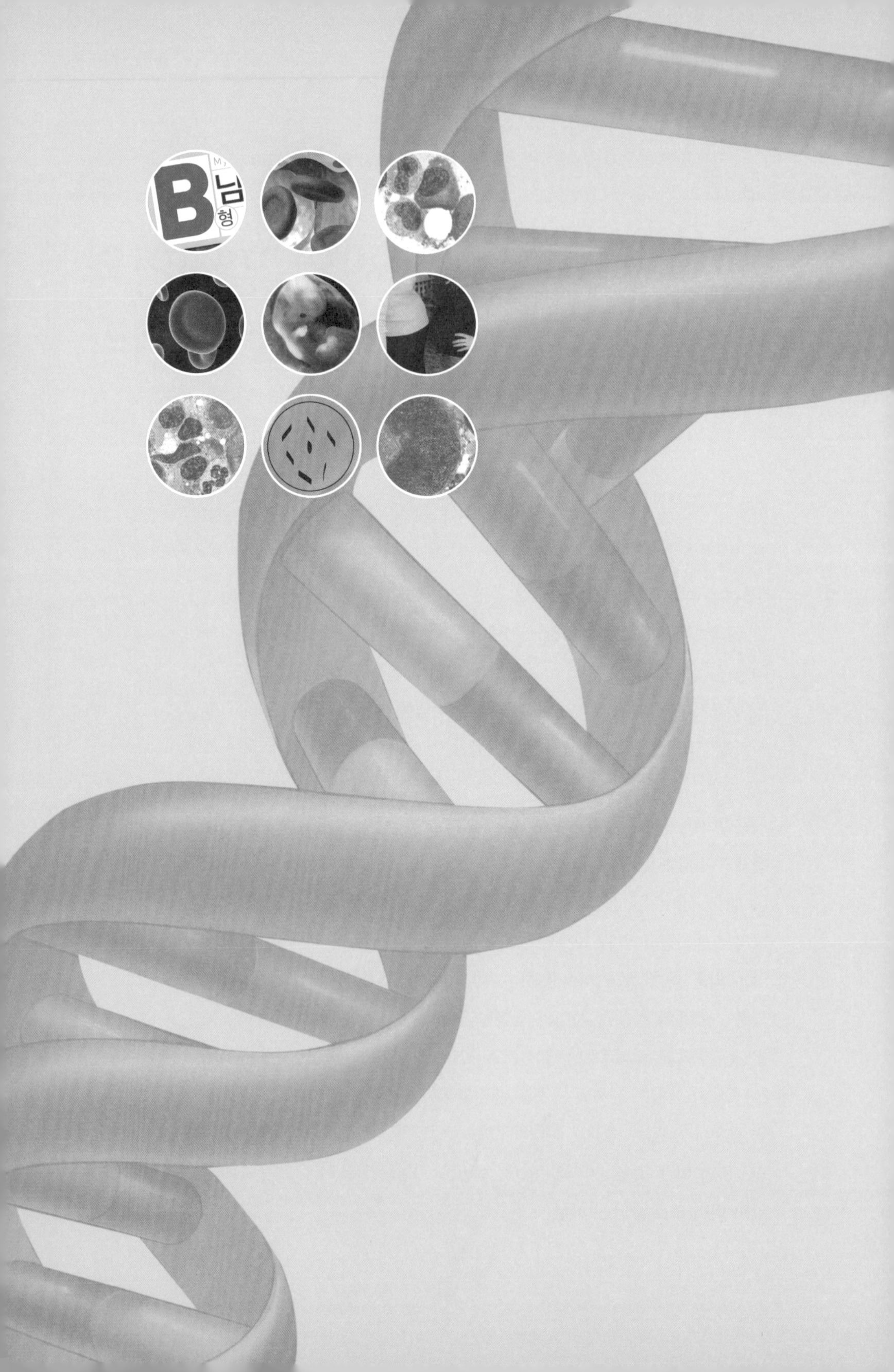

6 루머에 휩싸인 혈액형의 진실을 밝혀라

_혈액형 이야기

성격이나 재능, 기질, 운세나 궁합 같은 것과 연결시키기 위해 혈액형을 구분했을까요? '과학'이라는 말에 상표권이 있다면 아무 데나 자신의 이름을 도용하지 말라고 소송을 걸 것입니다.

B형은 세상을 자기중심으로 살아가는 사람들이다. 자기가 좋으면 좋은 거고 자기가 싫으면 곧 죽어도 싫은 거다.

B형 남자들은 어디에든 매이지 않는다. 자유로운 영혼을 지닌 사람들이 많다. 그래서 창의적이고 자기가 하고 싶은 일에는 놀라운 집중력도 보여준다. 단 누가 자신의 인생에 태클을 걸어오는 것은 참지 못한다. 자기에게 너무 집착하거나 관심을 보여주는 사람들에게 별로 매력을 느끼지 않는다.

화가 나면 얼굴에 티가 다 나고 기분이 좋아도 얼굴에 티가 다 나는 사람들이 바로 B형 남자들이다. "얼굴에 다 쓰여 있다"라는 말은 B형 때문에 생긴 말이라는 생각이 들 정도로 B형들은 감정에 충실하고 또 숨기지 않는다.

B형 남자들은 유머 감각도 뛰어나고 말도 잘한다. 그리고 그냥 지나가는 말도 잘한다. "언제 밥 한번 먹어요."라든가 "언제 술이나 한잔하지."라는 B형 남자의 말을 듣고 가슴속 고이고이 간직해 불러줄 날만을 기다린다면 아마 상처를 받게 될지도 모를 일이다…….

—영화 「B형 남자친구」 중에서

2004년은 아무래도 아주 피비린내 나는(?) 한 해였던 것 같습니다. 잡지의 머리기사는 혈액형별 궁합과 혈액형별 다이어트, 혈액형별 성격 테스트로 도배가 되었고, 특정 혈액형을 가진 남자를 매도하는 노래부터 시작해서 이제는 '소심한 A형 여자와 제멋대로 B형 남자의 사랑이야기'라는 영화까지 개봉되어 그야말로 혈액형이 온 나라를 들썩거리게 했습니다.

일단 전국을 피바다로 만든 '혈액형 광풍'에 대한 진단을 내리기에 앞서 '피' 자체에 대한 이야기부터 시작해봅시다.

피, 너의 정체를 밝혀라

원시인들도 상처를 입어서 피를 많이 흘리면 죽는다는 것을 알고 있었습니다. 피는 예로부터 생명을 유지시켜주는 귀한 액체라는 이미지 때문에, 신성시되기도 하고 때로는 터부시되기도 했던 체액이지요.

우리 몸에서 피가 일정량 이상 빠져나가면 생명에 지장을 줄 수 있습니다. 대개 피는 전체 몸무게의 1/13 정도인데 이 중 1/4~1/3 이상을 잃으면 치명적이라고 알려져 있습니다. 만약 체중이 65kg이라면 전체 혈액은 약 5kg 정도가 될 테고, 이 중 1.5~2kg의 피를 잃으면 목숨이 위험하다는 겁니다. 피를 많이 흘리게 되면 왜 위험할까요? 과다 출혈을 했을 때, 사망에 이르게 되는 것은 몸의 기가 빠져나가거나 생기가 고갈되거나 이런 이유가 아니라, 질식으로 인한 것입니다. 피를 흘린다고 질식으로 죽는다니 의외죠? 목이 졸린 것도 아닌데 말이에요. 여기서 말하는 질식이란 '세포내 질식'을 뜻한다고 할 수 있습니다.

여러분 교과서에서 본 혈장이라는 액체 속에 적혈구, 백혈구, 혈소판이 둥둥 떠다니는 그림 기억나죠? 이처럼 혈액은 크게 4가지 성분으로 나뉘는데, 이 중 적혈구는 산소 운반에 매우 중요한 역할을 합니다. 사람의 적혈구는 핵이 없어 가운데가 폭 들어간 원반 모양으로 생겼습니다. 마치 구멍이 뚫리다 만 도넛 같은 모양이죠. 원래 적혈구는 만들어질 당시에는 핵이 있지만, 성숙하면 핵이 떨어져 나가서 그 자리가 폭 패이게 되는 것입니다. 인간의 경우, 성숙한 적혈구에서 핵이 떨어져 나가는 것은

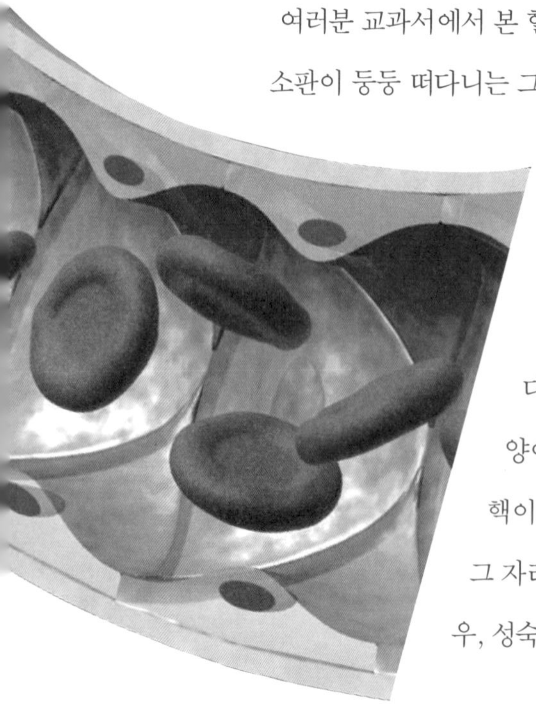

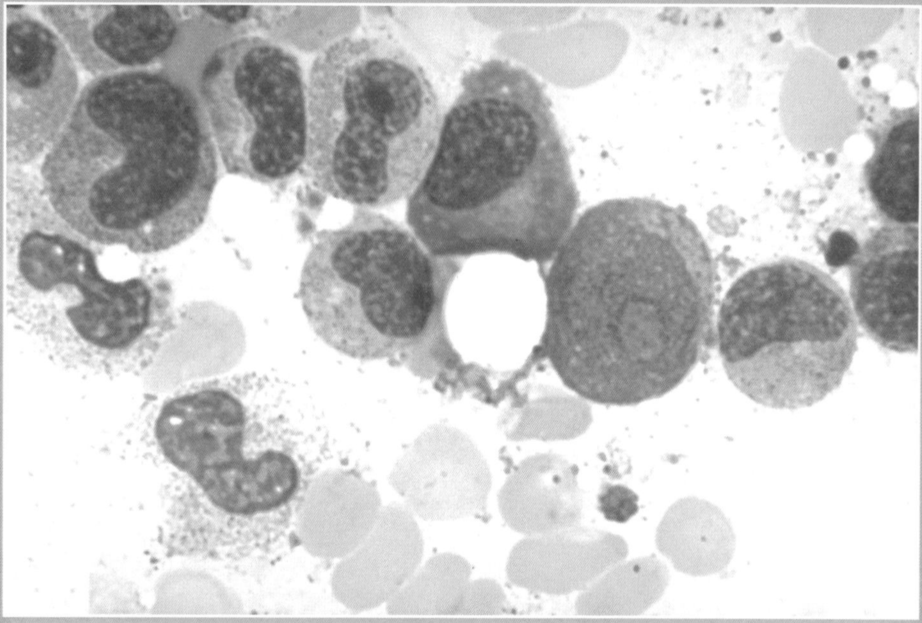

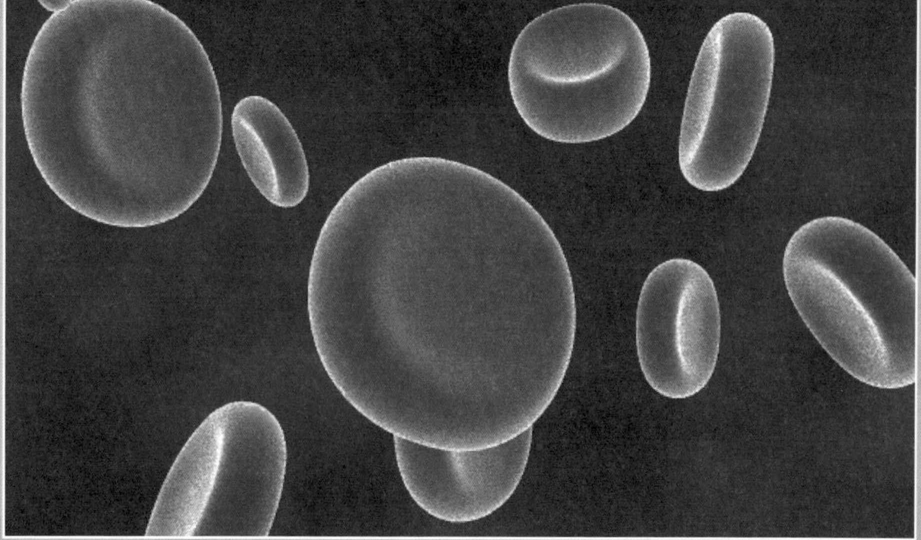

현미경으로 관찰한 혈액_ 보라색으로 보이는 것이 적혈구, 흰색으로 보이는 것이 백혈구, 조밀하게 점으로 보이는 것이 혈소판입니다(위).

피 속을 떠다니는 적혈구_ 혈관 속 적혈구의 모습(아래).

매우 중요합니다.

왜 중요한지는 적아세포증과 관련시켜 좀더 자세히 얘기하지요. 그보다 앞서 적혈구에 대해 좀더 얘기해보겠습니다. 적혈구는 헤모글로빈이라는 일종의 색소를 가지고 있고 그 헤모글로빈은 중심에 철^{Fe} 분자를 함유하고 있습니다. 이 철 분자를 품은 헤모글로빈이 산소와 결합해서 몸 구석구석에 산소를 전달해주는 역할을 하는데, 과다 출혈이 일어나 피를 많이 흘리게 되면 이 기능이 떨어지게 되겠지요. 몸 구석구석의 세포들이 산소를 받지 못하면 세포 속에 들어 있는 에너지 공장인 미토콘드리아가 제 기능을 하지 못하게 됩니다. 미토콘드리아에서 일어나는 에너지 생성반응에는 산소가 꼭 필요하거든요. 따라서 세포들은 산소가 부족해져 점점 죽어가게 됩니다. 이것이 바로 세포내 질식인 것입니다. 세포 한두 개쯤이야 질식해도 상관없지만 이 과정이 합쳐지면 결국 생명까지 위태롭게 되는 것입니다.

그렇다면 앞에서 잠깐 얘기했는데 적아세포증이 뭘까요? 생물시간에 자주 등장하는 적아세포증은 핵이 떨어지지 않은 적혈구의 위험성에 대한 이야기랍니다. 적아세포증이란 혈액형이 Rh− 타입인 여성이 Rh+ 혈액형을 가진 아기를 임신하는 경우 나타납니다. 엄마의 면역계는 자신과 다른 아기의 혈액형을 외부의 병균이나 바이러스 같은 적으로 인식하고는, 항체를 만들어 태아의 적혈구를 파괴시켜버립니다. 이로 인해 태아에게서 핵이 아직 떨어지지 않은 미성숙한 적혈구—이게 바로 적아赤芽랍니다—가 많이 증가되며 결국 유산 혹은 사산에 이르게 되지요.(자세한 내용은 Science Episode를 참조하세요.)

적혈구는 처음 골수에서 생성되는 때에는 핵이 있습니다만, 이후 성숙되는 과정 중에 핵이 퇴화되는데, 왜 그런지 정확한 이유는 의견이 분분합니다. 다만, 적혈구는 다른 세포와는 달리 분열하지 않고, 생성 이후 산소 운반 작용만 하기 때문에 핵이 굳이 필요 없다는 의견과 핵이 떨어짐으로 인해 가운데가 움푹 들어가게 되어 헤모글로빈이 산소와 더 잘 결합할 수 있는 구조적인 장점을 가지게 된다는 것이 이유가 될 수 있을 것입니다. 하지만 닭이나 비둘기 같은 조류의 적혈구에는 핵이 존재하니 반드시 핵이 없어져야 될 당위성은 없다고 생각합니다. 진화 중에 인간은 조금 더 유리한 방향으로 진화되었을 뿐이겠죠. 참 이렇게 적혈구는 핵이 없기 때문에 혈액을 통해 유전자 분석을 하는 경우에는 적혈구가 아니라 백혈구를 사용한답니다. 핵이 없으면 그 속에 든 DNA도 없으니까요.

혈액형의 발견 – 적혈구에게 이름표 붙이기

이렇게 적혈구 얘기를 장황하게 하는 이유는 적혈구가 혈액형을 결정하는 데 중요한 역할을 하기 때문입니다. 사람이 피를 많이 흘리면 죽는다는 것은 오래전부터 알고 있던 사실이었습니다. 그래서 피를 밖에서 넣어주면 살릴 수 있지 않을까, 라는 추측도 그만큼 오래전부터 해왔고요. 그래서 처음에는 피를 많이 흘린 사람에게 동물의 피를 넣어봤습니다. 결과는? 물론 다 죽었지요. 이 실험은 1667년 최초로 시도되었는데 환자는 결국 사망하고 말았습니다. 그래서 동물은 안 될 듯싶어서 사람의 피를 넣어보기도 했습니다. 1918년에 처음으로 사람 피를 다른 사람에게 수혈하는 것이 시도되었지만, 환자는 사망하고 말았습니다. 그런데 비록 이 시도는 실패했지만 이후 사람의 피를 넣어준 경우에 어떤 때는 살기도 하고, 어떤 때는 죽기도 하는 상황이 벌어졌습니다. 사람들은 도무지 갈피를 잡을 수가 없었죠.

오랜 세월 그렇게 운에 맡긴 채로 살아오던 피의 신비함은 19세기 말에 와서야 밝혀졌습니다. 어떤 이의 피를 다른 사람의 피와 혼합할 경우 굳을 때와 굳지 않을 때가 무작위로 일어나는 것이 아니라, 어떤 법칙에 의해 일어난다는 것을 깨닫게 되었답니다. 즉, 겉으로 보기에는 다 같은 빨간 피인데, 서로 다른 종류가 있다는 것을 깨달았던 것이죠. 드디어 1900년, 란트슈타이너[Karl Landsteiner, 1868~1943]가 사람의 적혈구에 A, B 두 가지 항원이 있고, 혈장 속에 이에 대응하는 항응집소가 있다는 사실을 밝혀서, 이를 A, B, AB, O형의 네 가지 타입으로 나누게 되었답니다. 이게 바로 우리가 흔히 얘기하는 ABO 혈액형의 시초입니다.

우리는 보통 네 가지 종류의 혈액형을 갖습니다. 항상 대문자로 표기하죠. 이것은 체내의 혈액 중, 적혈구 표면에 붙어 있는 당단백질의 종류에 따른 것으로 적혈구에 붙은 일종의 이름표라고 생각하면 됩니다. 그런데 혈액형은 4가지이지만, 이름표는 A, B 두 가지뿐입니다. 대신 적혈구는 이름표를 두 개까지 가질 수 있기 때문에 4가지 혈액형이 가능한 것이죠. 즉, A형은 AA, A라는 이름표를 가지고, B는 BB, B라는 이름표를 갖습니다. 이름표를 하나도 안 가지고 있으면 O형, A와 B를 하나씩 가지고 있으면 AB형이지요. 이렇게 적혈구에 존재하는 표지를 응집원이라고 해요.

그런데 이들 A와 B는 서로 사이가 나빠서 섞이는 것을 싫어합니다. 따라서 A형 혈액을 가진 사람은 혈장 속에는 B형과 결합하면 이를 굳혀버리는 b라는 물질을 가지고 있는데, 이것을 응집소라고 하며 항상 소문자로 표기합니다.

A · B형 항원의 분자 구조 비교_ 그림에서처럼 A형 항원과 B형의 항원은 비슷한 구조를 가지고 있습니다. 다만 A형 항원이 맨 끝부분에 N-아세틸갈락토사민을 가진 반면 B형은 갈락토오스를 가진 것이 차이라고 할 수 있지요.

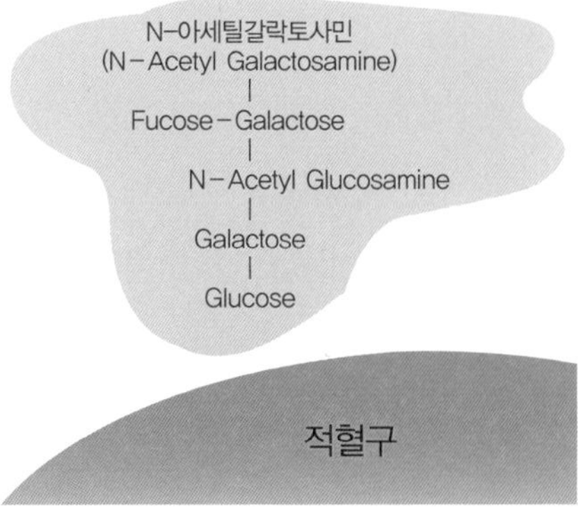

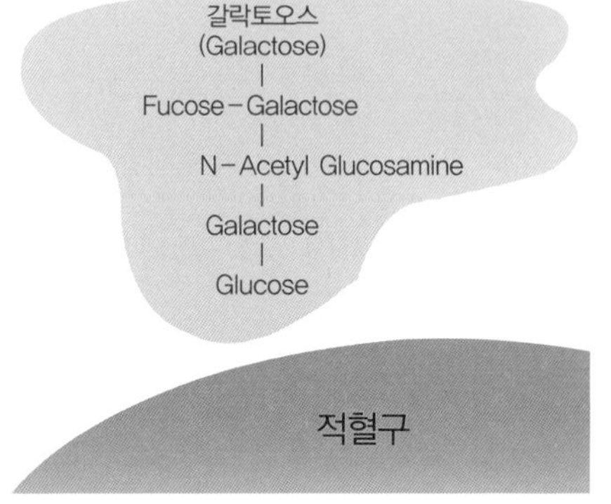

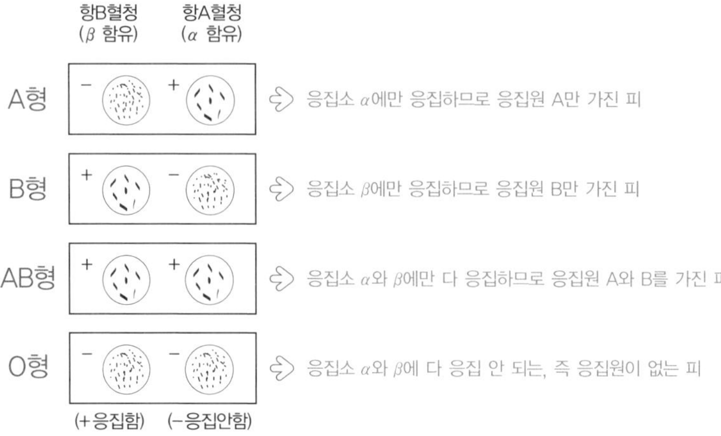

ABO식 혈액형 판정.

따라서 A형 혈액을 가진 사람은 A 응집원과 b 응집소를 가지게 되죠. 다른 혈액형을 볼까요? B형이라면 B 응집원과 a 응집소를 가지겠죠. 그럼 O형과 AB형은요? O형은 응집원은 없고 a, b 응집소를 모두 가지며, AB형은 A, B 두 개의 응집원을 가지나 응집소가 없어요.

수혈할 때는 같은 혈액형끼리는 피를 주고받을 수 있고, AB형은 모두에게 받을 수 있지만, 같은 AB형에게만 줄 수 있고, 반면에 O형은 같은 O형에게서만 수혈 받을 수 있지만, 모든 혈액형에게 수혈해줄 수 있다는 사실, 들어보셨겠죠?

이는 위에서 얘기한 응집원과 응집소 때문이에요. 응집원은 거기에 맞는 짝의 응집소를 만나지 않으면 응고되지 않습니다. 따라서 응집소가 없는 AB형은 누구에게서나 수혈 받을 수 있지만, 응집소 두 개를 모두 가진 O형은 같은 O형끼리밖에는 수혈 받을 수

소심한 A형 드라큘라 아가씨의 결단

요즘 혈액형점이라고 해서 혈액형을 가지고 사람의 성격을 설명하고
이성간의 만남에서 궁합을 맞춰보는 것이 유행이라고 하네요.
하지만 혈액으로 성격을 구분하는 과학적 근거는 아무것도 없답니다.
성격을 바꾸겠다고 혈액형을 바꾸는 드라큘라 아가씨 같은 분은 없겠죠?

없게 되는 것입니다

이 밖에도 적혈구에는 400종류 이상의 항원이 존재합니다. 그런데 이들이 문제가 되지 않는 것은 대부분 면역 자극이 약하기 때문입니다. 그러나 이 중 20여 개 정도는 수혈 시에 문제를 일으킬 수 있기 때문에 조사되어 있습니다. 대표적인 것이 Rh+/−혈액형군, Lewis혈액형군, Li혈액형군, P혈액형군, MNSs혈액형군, Kell혈액형군, Duffy혈액형군, Kidd혈액형군 등입니다. 이 밖에도 적혈구뿐 아니라, 백혈구랑 혈소판도 혈액형을 가지고 있습니다.

과학, 초상권 침해 소송을 내다

어쨌든 혈액형이 다르다는 것은 엄밀하게 말하자면, 내 적혈구에 어떤 종류의 당단백질이 붙어 있느냐는 것입니다. 단지 내 적혈구 위에 어떤 당단백질이 있는지 없는지에 따라서 성격이나 운명이 바뀐다는 것은 어째 너무 비약이 심하다는 생각이 들지 않나요?

물론 혈액형뿐만이 아니라 별자리, 띠, 탄생석 등으로 오늘의 운세를 보거나, 궁합을 맞춰보는 것은 우리 사회에 널리 퍼져 있고, 저도 재미삼아 몇 번 해보기도 했답니다. 그러나 이런 것은 농담처럼 가볍게 받아들이는 것에서 그쳐야지, 그것에 너무 심취해 모든 것을 선입견을 가지고 대하는 것에 대해서는 경계해야 합니다.

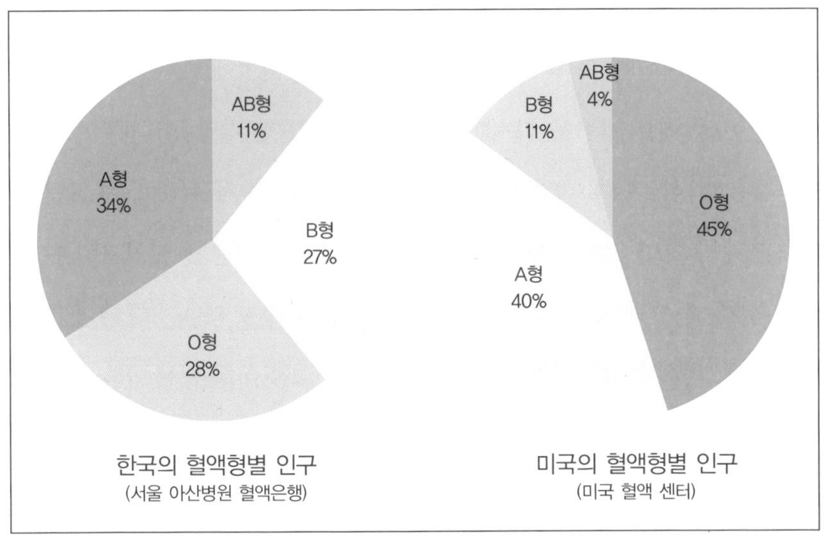

한국인과 미국인 혈액형별 인구 비교.

원래 분류라는 것은 복잡하게 얽혀 있는 것들의 특성을 파악해 뚜렷한 특징과 판단기준에 따라서 나누어 좀더 일목요연하게 파악할 수 있게 하는 것이 목적일진대, 살아가다보면 목적을 위한 분류가 아닌, 기존에 나누어진 분류에 사실을 끼워 맞추는 형태가 보이곤 합니다.

혈액형을 분류한 원래 목적은 서로 같은 혈액형을 가진 사람과 다른 사람을 나누어, 위급할 때 수혈을 하여 목숨을 살리고 다른 면역 체계를 가진 사람들의 혈액이 섞여서 더 큰 위험에 노출되는 것을 막기 위해 만들어진 합리적인 분류였습니다. 그러나 이것이 사회로 나와 성격, 운세, 기질 등의 분류에 섞이면서 그 인과관계는 희박해져버리고 말았습니다.

제가 이 이야기를 쓰면서 주변 사람들에게 혈액형에 대해서 이야기를 해본 결과 의외로 많은 사람들이 혈액형에 대해 집착하고 있어서 놀랐습니다. 심지어는 누군가를 소개받을 때도 혈액형이 무엇인지를 먼저 물어보는 사람이 있었고, 사랑하는 사람의 혈액형과 궁합이 맞지 않는다는 이유로 고민하는 사람도 있었거든요. 아니, 그 사람에게 수혈 받을 것도 아니면서 왜 혈액형이 다른 것으로 고민하시는지요. 혈액형은 단순히 내 적혈구 위에 존재하는 당단백질의 존재 유무일 따름입니다. 혈액을 수혈 받거나, 가계도를 그릴 때를 제외하고는 별달리 구분할 필요가 없는 것입니다. 우리는 오랫동안 혈액형을 모른 채로 잘 살아왔는데, 지금으로부터 겨우 100여 년 전에 밝혀진 적혈구 위의 작은 당단백질이 그렇게 인간에게 중요한 역할을 미칠 것이라는 생각은 들지 않습니다.

란트슈타이너가 혈액형을 분류한 목적은 과학적인 활동인 것은 분명합니다. 그러나 그가 성격이나 재능, 기질, 운세나 궁합 같은 것과 연결시키기 위해서 혈액형을 구분했을까요? 아니, 그의 연구 목적은 어떻게든 안전한 수혈을 할 수 있는 법칙을 발견하여 더 많은 환자를 살리기 위함에 있었을 겁니다. 만약 '과학' 이라는 말에 상표권이나 저작권이 있다면 소송을 걸지도 모르는 일입니다. 아무 데나 자신의 이름을 도용하지 말라고 말이죠.

마지막으로 한 가지 더, 혈액형 광풍이 몰아친 2004년에도 대한적십자사 헌혈의 집에서는 여전히 혈액 재고량이 부족한 것으로 나타났습니다. 우리나라 사람들의 평균 헌혈률은 약 5.2%(243만명) 정도로 알려지고 있습니다. 게다가 이 헌혈자의 대부분이 개인 스스로 하는 것이 아니라 군대나 학교에서 단체로 실시하는 헌혈 캠페인에 동원되는 젊은이들입니다.

저 사람과 나의 혈액형이 다른지 같은지를 고민하기보다는 세상 어딘가에 피가 모자라 죽어가는 사람들이 있음을 생각하면서 헌혈 한 번 하러 가는 게 더 의미있는 일 아닐까요?

Rh- 엄마와 Rh+ 아기의 생명을 구하라

적아세포증의 치료법

Rh 혈액형 역시 ABO식 혈액형을 밝혀낸 란트슈타이너에 의해서 발견되었습니다. 이는 붉은털 원숭이의 혈구에 대한 항체와 인간의 혈액 사이에 일어나는 응집 여부를 기준으로 판단하는 것으로 이 두 가지를 섞었을 때 응집이 일어나면 Rh+, 응집이 일어나지 않으면 Rh-가 되는 것입니다.

Rh-형은 백인들에게서는 비교적 흔한(약 16% 정도) 혈액형이지만, 한국인에게서는 0.1~0.3% 정도로 극히 드물게 나타납니다. 따라서 Rh- 여성이 임신하는 경우, 문제가 될 수 있습니다. 하지만 Rh- 여성의 임신에서 반드시 문제가 생기는 건 아닙니다. Rh-의 남성과 결혼할 경우, 아무런 문제가 없고, 혹 남편이 Rh+이더라도 보인자여서, 아기가 Rh-이면 상관없지요.

문제는 엄마가 Rh-인데 아기는 Rh+인 경우에 생깁니다. 우리가 흔히 알고 있는 ABO식 혈액형을 인식하는 항체는 태반을 통과하지 못하기 때문에, 엄마와 아기의 혈액형이 달라도 상관없지만(간혹 이런 경우에도 태아의 적혈구 용혈현상이 일어난다고는 하는데, 신생아에게 가벼운 빈혈이나 황달이 올 뿐 생명에 지장이 있거나 건강에 심각한 영향을 주지는 않는다고 합니다), 불행하게도 Rh 타입을 인식하는 항체는 태반을 통과할 수 있기 때문에 문제가 됩니다.

첫아이를 낳을 때 아기의 Rh+ 적혈구가 태반에 떨어져서 Rh-인 엄마의 자궁벽을 통해서 어머니의 혈관 속으로 빨려 들어가는 경우, 엄마의 몸에서는 적아세포증 환자의 혈액(좌).
자궁 속 태아의 모습(우).

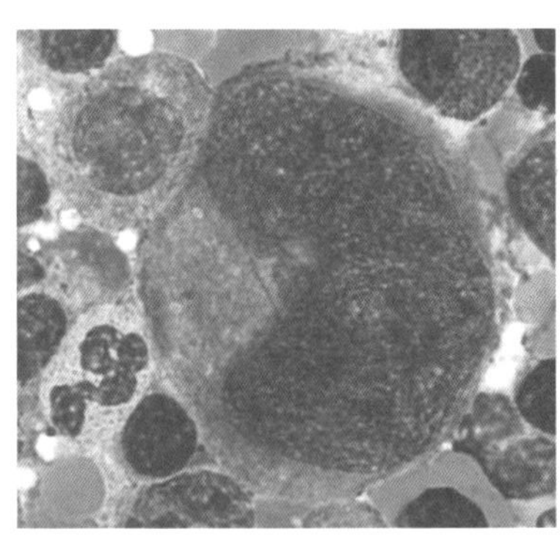

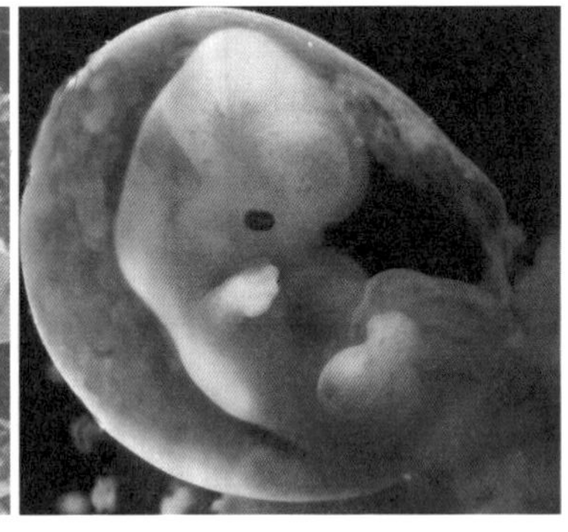

면역 반응이 일어나 Rh 항체를 만들게 됩니다. 따라서 두 번째 임신부터는 자궁 내의 아기가, 어머니로부터 넘어오는 Rh 항체의 작용을 받아 적혈구가 파괴되고, 미성숙한 적아세포만 늘어나 아기가 제대로 산소공급을 받지 못해 유산이나 사산이 될 가능성이 높습니다. 요행히 태어나더라도 심한 빈혈과 황달로 교환수혈(몸 전체의 피를 모두 빼고 수혈을 받는 것, 즉, 온몸의 피를 완전히 교체하는 것을 말합니다)을 필요로 합니다. 교환수혈을 못하면 살아서 성장하더라도 뇌신경의 손상으로 장애우가 되는 경우가 많습니다.

이런 불행을 방지하기 위해서는 엄마의 몸속에 Rh 항체가 생기지 못하게 해야 합니다. 즉, 아기의 몸에서 들어온 Rh인자를 엄마의 면역계가 인식하여 항체를 생성하기 전에 외부에서 이에 대한 항체를 넣어주어서, 이 인자를 없애버리는 것입니다. 이때 주사하는 것이 Rh 면역글로블린(상품명으로는 '파토블린' 입니다)인데, 임신 30주경부터 출산 직후(72시간 내) 사이에 맞아야 효과가 있다고 합니다. 이 면역 예방법을 임신할 때마다 제대로 실시한다면 아기를 몇 명이고 무사히 얻을 수 있다고 합니다. 단, 출산뿐 아니라 유산이나 조산, 사산 등에서도 항체가 생성되기 때문에 다음 임신을 위해서라면 반드시 주사를 맞아주어야 한다는군요.

7

금을 만드는 것보다 값진 연구

_연금술과 핵화학

연금술은 원래의 목적에서는 실패했지만, 그 결과물들은 근대 화학의 모태가 되었습니다. 또한 20세기 들어서는 가장 위험하고 매력적인 분야인 핵물리학으로 이어지고 있답니다.

4원소설과 철학자의 돌

올림픽 경기가 열리면 전세계인들은 하나가 되어 TV 앞에 모여 앉아 저마다 각국 선수들을 응원합니다. 치열한 경합의 끝에 우승자가 정해지면 그는 자랑스러운 얼굴로 시상대 맨 위로 올라가 반짝이는 금메달을 걸게 됩니다. 아깝게 그에게 진 2위나 3위에게는 은메달과 동메달이 각각 돌아갑니다. 금은 이렇듯 최고의 승자에게만 주어지는 귀한 물건이었습니다.

금은 오래전부터 왕과 귀족들의 전유물이었지요. 반짝이는 노란 금빛은 사람을 강하게 유혹하여 점점 더 많은 금을 갖고 싶다는 욕망에 휩싸이게 만들었습니다. 그래서 탄생한 것이 연금술이랍니다.

연금술[鍊金術, alchemy]은 말 그대로 금을 제조하는 기술입니다. 영어

alchemy는 아랍어의 alkimia에서 유래한 말로, 정관사 al- 뒤에 금속의 주조를 뜻하는 그리스어 khyma를 합성한 말이라고 알려져 있습니다. 원래 연금술은 기원전부터 중국과 인도에서 시작되었고, 동양에서 시작한 연금술은 이후 알렉산드리아로 넘어갔습니다. 여기서 발달한 연금술의 지식은 642년 아랍의 침공으로 다시

연금술의 상징_ 심리학자 칼 융은 심볼리즘symbolism이 전형적인 연금술의 표현 형식이라고 지적했습니다. 이 심볼리즘은 심리적으로 호소하는 것인데요. 이로써 연금술이라는 실험에도 신비적 성격이 많이 부여됐답니다.

중동아시아로 전파되었다가 12세기 십자군전쟁 시 유럽에 도입되어 17세기까지 당시 지식인들을 깊이 사로잡았습니다.

연금술은 학문이라기보다는 주술呪術에 가까운 것으로, 대표적인 오컬티즘occultism이자 유사과학입니다. 연금술은 동서양에서 두 가지 목적을 가지고 행해졌는데, 서양에서는 일반적인 비금속卑金屬인 납, 구리 등을 귀금속, 특히 금金으로 변환하는 것이 하나의 목적이었고, 동양에서는 만병통치의 기능을 가진 불로장생의 약을 만드는 것이었습니다. 여기서는 주로 금을 만드는 연금술에 대해서 이야기하기로 하겠습니다.

이렇게 흔한 금속에서 금이나 불로장생약을 만들겠다는 터무니없는 욕망은 당시 사람들이 믿던 세계관에 기초한 것이었습니다. 연금술의 이론적 바탕은 고대 그리스의 철학자 아리스토텔레스가 주장한 원소 변환설입니다. 고대 그리스의 학자 엠페도클레스는 세상은 4가지의 기본 원소(불, 물, 흙, 공기)로 되어 있다고 주장했으며, 아리스토텔레스는 한술 더 떠서 세상 모든 존재는 이 각 원소들의 특성인 뜨거움, 차가움, 축축함, 건조함의 성질을 지니고, 이들의 성분 비율을 바꾸면 한 물질을 전혀 다른 물질로 변화시킬 수 있다는 주장을 펼칩니다. 아리스토텔레스를 비롯한 유명 철학자들이 지지한 '4원소설'은 그대로 진리인 듯 후세에 전해졌고, 상당 기간 동안 많은 사람들은 물체의 조합 비율에 따라 세상 모든 것이 존재한다고 믿었습니다. 따라서 세상 만물을 구성하는 4원소의 비율만 알면 모든 것을 만들어낼 수 있고, 금 역시 그 비율만 알면 인공적으로 만들 수 있다고까지 믿었던 것입니다. 재미있는 것은 고전 물리학의 아버지이자, 현대에 와서도 위대한 물리학자로 칭송받는 아이작 뉴턴조차도 말년에는 연금술에 심취해 이에 대한 많은 유고를 남긴 바 있다는 것입니다. 뉴턴의 사후, 그를 추종하던 학자들이 뉴턴이 남긴 연금술에 대한 기록을 발견하고, 얼마나 당황했을지 눈에 보이는 듯합니다.

그렇다면 왜 하필 금이 연금술의 최종 목표가 되었을까요? 그거야 당연하지요, 금은 가장 귀하고 비싼 원료였기 때문이죠. 대부분의 금속들은 오래 놓아두면 공기 중의 산소와 산화 반응을 일으켜 빛깔이 변하고 바스러집니다. 즉, 녹이 스는 것이죠. 그러나 금은 아무리 오래 놓아두어도 녹이 스는 법 없이 그 아름다운 광택이 유지되며, 기름종이보다도 더 얇게, 명주실보다도 더 가느다랗게 만들 수 있어서 사람들은 금을 순수함과 고귀함의 결정체로 생각했습니다. 금이야말로 금속 중의 금속이며 가장 고귀한 존재이니 이를 만들기 위해 노력한 것은 당연한 일이었죠.

이에 연금술사들은 인조금을 만들기 위해 다양한 실험을 수행했고, 몇몇 경우 실제로 금과 비슷한 물질이 생겨나기도 했습니다. 일례로, 구리에 약간의 비소를 섞어 만든 합금은 반짝이는 금빛을 띠며, 현재 금색 페인트의 원료로 쓰이는 황화주석 역시 이때 만들어진 것으로 알려져 있습니다. 그러나 이들은 모두 금과 비슷한 광택을 띠는 물질일 뿐, 진짜 금을 만들어내는 데 성공한 사람은 아무도 없습니다.

연금술 실험실_ 스위스에 있는 「연금술 실험실 박물관 Alchemy Lab Museum」입니다. 1964년 한 여행가에 의해서 촬영된 이 사진은 오래전 연금술에 심취한 이들이 어떤 장비들로 실험을 했는지 보여줍니다.

오랫동안 수많은 사람들이 나름대로 분석한 4원소의 비율을 아무리 변화시켜봐도 금이 만들어지지 않자, 사람들은 금이 워낙 귀한 것이어서, 금을 만들기 위해서는 기본적인 4원소뿐 아니라, 이들의 변화를 촉진시키는 기적적인 촉매제가 필요할 것이라는 결론을 나름대로 내렸습니다(처음 잘못된 사상으로부터 시작된 논의가 어디까지 잘못될 수 있는지 여실히 보여주는 과정입니다).

어쨌든 사람들은 아직 발견하지도 못한—아니, 존재조차 확인되지 않은—그 신비한 물질에 '철학자의 돌Philosopher's stone'이라는 이름을 붙이고는 이 기적의 촉매제를 찾는 데 매달렸습니다. 기록에 의하면 철학자의 돌은 불타는 듯한 붉은 광택을 지녔으며, 유리처럼 단단하지만 쉽게 가루로 부스러진다고 합니다. 누가 본 적도 없는 것에 대해 마치 진짜로 존재하는 양 이런 글을 써놓다니 참 대단한 배짱입니다. 실제로 철학자의 돌을 찾아낸 사람은 아무도 없으니 이런 속설을 확인할 방법도 묘연하지요.

연금술과 화학의 발전

현대인의 눈으로 보자면 연금술은 거짓말임이 분명합니다. 과학이라는 이름보다는 마술이나 주술에 더 가깝죠. 그래서 사람들을 현혹시키고 엉뚱한 지식으로 사람들에게 피해를 준 것도 사실입니다.

좀 다른 이야기지만 수은과 관련된 일화도 이와 같은 경우에 해당됩니다. 수은mercury은 금속임에도 불구하고 실온에서 액체 상태로 존재하는 특성과 다른 금속의 표면을 은색으로 물들일 수 있는 성질 때문에 고대로부터 매우 신기하고 귀중한 물질로 생각되었습니다. 일부에서는 수은을 불로장생약으로 생각해 진시황을 비롯한 황제들이 정규적으로 복용했다는 기록이 남아 있을 정도이죠. 그러나 수은은 체내에 축적될 경우, 폐, 신장, 신경 조직을 침범해 심각한 중독 증상을 일으키는 무서운 중금속으로, 중국 황제들의 수명이 그들이 누린 호사에 비해 터무니없이 짧은 이유가 수은 중독이라는 설도 있답니다. 1953년 일본의 미나마타 시에서 발병하여 수십명의 사망자를 낸 '미나마타 병'의 원인은 근처 공장에서 몰래 버린 산업폐기물 속의 수은이었습니다. 이 수은이 하천으로 흘러들어가 물을 오염시켰고, 오염된 물에서 자란 물고기를 잡아먹은 사람들이 수은 중독으로 미나마타 병에 걸리게 된 것이죠. 수은에 오염된 물고기를 먹기만 해도 이 정도인데, 수은 자체를 먹거나 발랐다면, 그 해악이 어떨지 상상조차 하기 싫어지네요.

연금술사의 비밀

연금술사는 매일 황금 알을 만들어냈던가 보죠.
황금 알을 낳는 거위는 잘난 체하는 연금술사가 몹시 얄미웠겠죠.
어쨌든 화학자는 이 모든 경위를 알아보려고 하네요.
화학자는 어떤 답을 얻을 수 있을까요?

어쨌든 비록 연금술 자체는 실패했으나, 흥미롭게도 연금술은 근대 화학의 모태가 되었습니다. 수많은 사람들이 실험에 매달린 결과, 다양한 합금과 염산, 황산 등을 만들었고, 물질의 화학적 변환을 일으키는 방법(증류, 용융, 냉각, 촉매 사용 등)을 알아냈습니다. 또한 정밀한 저울이나 고온을 견딜 수 있는 도가니와 용광로, 각종 플라스크나 증류기, 정류장치 등의 실험용 기구들도 개발되었지요.

금을 만들기 위한 연금술사들의 노력이 지속되면서 화학적 지식들이 쌓여나가자 사람들은 오히려 연금술에 회의적이 되어갔으며, 지식과 결과를 모아 새로운 학문의 영역을 구축해 나갔습니다. 이리하여 탄생한 것이 근대 화학으로, 연금술은 비록 뜻하던 목적은 이루지 못했지만 그 결과들은 근대 화학의 성립에 절대 빠질 수 없는 기초가 되었으니, 전혀 쓸모없는 것만은 아니었던 모양입니다. 그러나 이는 수많은 실패와 희생을 치른 이후에 얻어진 것이었죠. 우리에게 일정온도에서 기체의 압력과 그 부피는 서로 반비례한다는 '보일의 법칙Boyle's Law'으로 유명한 로버트 보일Robert Boyle, 1627~1691은 최후의 연금술사이자 최초의 근대적 화학자로 불립니다. 보일은 모든 이론은 실험적으로 증명되어야만 가치가 있다고 믿었으며, 아리스토텔레스의 '원소 변환설' 대신 데모크리토스의 '원자론'을 믿었습니다. 그는 저서 『회의적인 화학자 *The Skeptical Chemist*』에서 연금술과의 공식적인 결별을 선언했으며, 이후 근

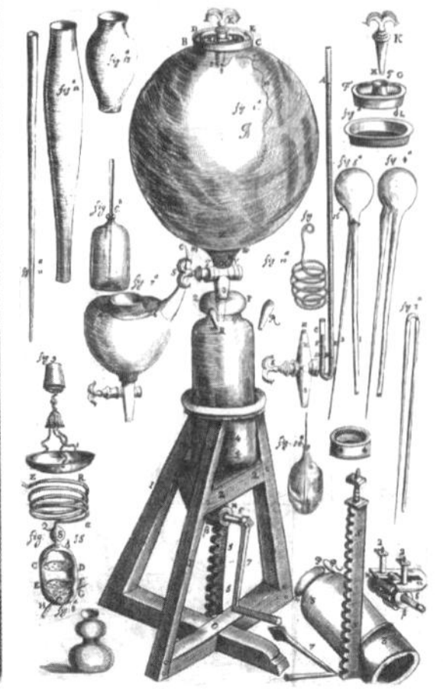

로버트 보일_ 영국의 물리학자이며 철학자로, 온도가 일정할 때 기체의 부피는 압력에 반비례한다는 「보일의 법칙」을 발표하는 등, 근대 화학의 확립에 중요한 역할을 한 인물입니다.

대 화학의 주춧돌을 쌓은 화학자로 이름을 남겼답니다.

이렇게 해서 허황된 꿈으로 시작된 연금술의 결과는 근대 화학의 뿌리가 되었습니다. 18세기에 들어서면서 화학이 실생활에 접목되어 가볍고 단단한 금속의 제련, 다양한 모양의 유리 제품의 제조, 동물성 지방을 굳혀서 만든 비누, 다양한 염료의 개발 등으로 이어졌습니다. 이런 변화는 18세기 사람들의 생활을 변화시켰고, 산업혁명의 촉매가 되기도 했습니다. 또한 산업혁명 이후, 화학의 역할은 더욱 커져서, 석탄과 석유의 가공물질이 인간 생활을 빠르게 변화시켰으며, 화약, 의약, 합성수지, 인조섬유의 개발은 인류가 본격적인 과학의 혜택을 누릴 수 있는 바탕이 되었답니다.

현대의 연금술 – 핵물리학

연금술은 19세기에 들어서 원래의 의미와는 다르지만, 새로운 전기를 맞이하게 되었습니다. 연금술은 원소 변환설, 즉 하나의 고유한 물질이 다른 물질로 바뀔 수 있다는 가능성에서 출발했으나,

이는 17세기 원자론의 대두에 부딪쳐 거짓말로 치부되었습니다. 그러나 19세기 말엽, 물질의 최소단위이자 절대 쪼개지지 않을 것이라는 원자론 자체가 위협을 받게 됩니다.

1896년 프랑스의 과학자 앙리 베크렐Henri Becquerel, 1852~1908은 우라늄 화합물에서 투과성, 감광성, 이온화 특성을 가진 일종의 선線이 방출되는 것을 발견했습니다. 자연에서 발생하는 방사선放射線의 존재를 알아차린 것이지요. 뒤이어 프랑스의 젊은 과학자 부부 피에르 퀴리Pierre Curie, 1859~1906와 우리에겐 퀴리 부인으로 유명한 마리 퀴리marie Curie, 1867~1934가 방사선을 방출하는 또 다른 물질인 폴로늄과 라듐을 발견하면서 방사선에 대한 연구는 가속이 붙기 시작합니다.

방사선을 연구한 학자들 중 가장 대표적인 사람이 어니스트 러더포드Ernest Rutherford, 1871~1937입니다. 러더포드는 우리가 현재 교과서에서 배우고 있는 원자 모형의 토대를 닦은 사람입니다. 러더포드의 원자 모형에 의하면 가운데에 질량의 대부분을 가진 핵이 존재하며, 전자가 원자핵 주위에 위성처럼 퍼져 있습니다. 이 이론에 의하면 원자의 대부분은 빈공간이며 극히 작은 부위(핵)에만 질량이 집중되어 있고, 원자의 크기는 전자의 궤도 크기에 영향을 받습니다.

러더포드는 방사선을 연구한 결과, 1902년에 방사선이 세 가지 종류의 선이 섞여 있다는 것을 알아냈습니다. 각각 알파(α)선, 베타(β)선, 감마(γ)선이라 이름 붙인 이 방사선들은 이후 엄청난 파

원소의 주기율표

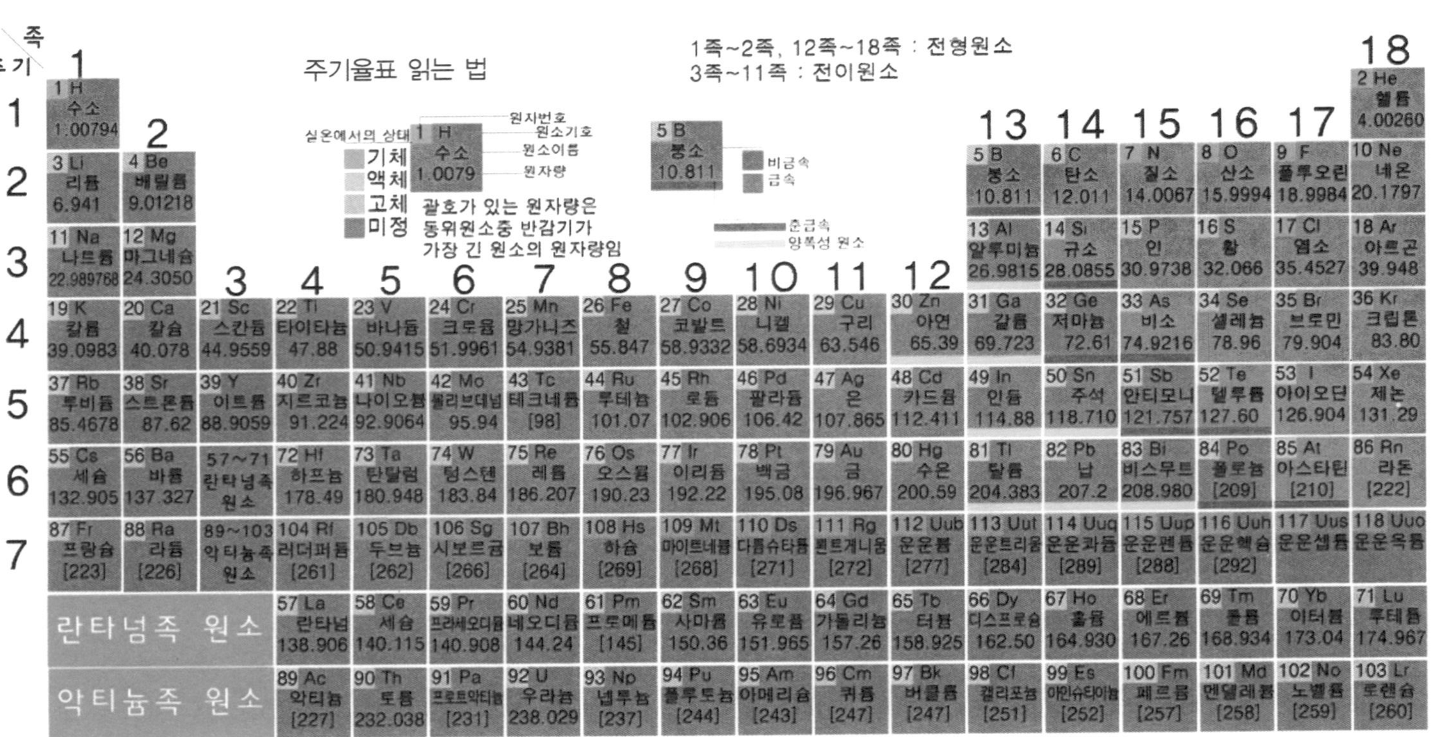

주기율표 읽는 법

실온에서의 상태: 기체 / 액체 / 고체 / 미정

1 H 수소 1.0079 (원자번호, 원소기호, 원소이름, 원자량)

괄호가 있는 원자량은 동위원소중 반감기가 가장 긴 원소의 원자량임

5 B 붕소 10.811 (비금속, 금속)

준금속, 양쪽성 원소

1족~2족, 12족~18족 : 전형원소
3족~11족 : 전이원소

주기 \ 족	1	2	3	4	5	6	7	8	9	10	11	12	13	14	15	16	17	18
1	1 H 수소 1.00794																	2 He 헬륨 4.00260
2	3 Li 리튬 6.941	4 Be 베릴륨 9.01218											5 B 붕소 10.811	6 C 탄소 12.011	7 N 질소 14.0067	8 O 산소 15.9994	9 F 플루오린 18.9984	10 Ne 네온 20.1797
3	11 Na 나트륨 22.989768	12 Mg 마그네슘 24.3050											13 Al 알루미늄 26.9815	14 Si 규소 28.0855	15 P 인 30.9738	16 S 황 32.066	17 Cl 염소 35.4527	18 Ar 아르곤 39.948
4	19 K 칼륨 39.0983	20 Ca 칼슘 40.078	21 Sc 스칸듐 44.9559	22 Ti 타이타늄 47.88	23 V 바나듐 50.9415	24 Cr 크로뮴 51.9961	25 Mn 망가니즈 54.9381	26 Fe 철 55.847	27 Co 코발트 58.9332	28 Ni 니켈 58.6934	29 Cu 구리 63.546	30 Zn 아연 65.39	31 Ga 갈륨 69.723	32 Ge 저마늄 72.61	33 As 비소 74.9216	34 Se 셀레늄 78.96	35 Br 브로민 79.904	36 Kr 크립톤 83.80
5	37 Rb 루비듐 85.4678	38 Sr 스트론튬 87.62	39 Y 이트륨 88.9059	40 Zr 지르코늄 91.224	41 Nb 나이오븀 92.9064	42 Mo 몰리브데넘 95.94	43 Tc 테크네튬 [98]	44 Ru 루테늄 101.07	45 Rh 로듐 102.906	46 Pd 팔라듐 106.42	47 Ag 은 107.865	48 Cd 카드뮴 112.411	49 In 인듐 114.88	50 Sn 주석 118.710	51 Sb 안티모니 121.757	52 Te 텔루륨 127.60	53 I 아이오딘 126.904	54 Xe 제논 131.29
6	55 Cs 세슘 132.905	56 Ba 바륨 137.327	57~71 란타넘족 원소	72 Hf 하프늄 178.49	73 Ta 탄탈럼 180.948	74 W 텅스텐 183.84	75 Re 레늄 186.207	76 Os 오스뮴 190.23	77 Ir 이리듐 192.22	78 Pt 백금 195.08	79 Au 금 196.967	80 Hg 수은 200.59	81 Tl 탈륨 204.383	82 Pb 납 207.2	83 Bi 비스무트 208.980	84 Po 폴로늄 [209]	85 At 아스타틴 [210]	86 Rn 라돈 [222]
7	87 Fr 프랑슘 [223]	88 Ra 라듐 [226]	89~103 악티늄족 원소	104 Rf 러더퍼듐 [261]	105 Db 두브늄 [262]	106 Sg 시보르귬 [266]	107 Bh 보륨 [264]	108 Hs 하슘 [269]	109 Mt 마이트너륨 [268]	110 Ds 다름슈타튬 [271]	111 Rg 뢴트게늄 [272]	112 Uub 운운븀 [277]	113 Uut 운운트리움 [284]	114 Uuq 운운쿼듐 [289]	115 Uup 운운펜튬 [288]	116 Uuh 운운헥슘 [292]	117 Uus 운운셉튬	118 Uuo 운운옥튬
	란타넘족 원소			57 La 란타넘 138.906	58 Ce 세슘 140.115	59 Pr 프라세오디뮴 140.908	60 Nd 네오디뮴 144.24	61 Pm 프로메튬 [145]	62 Sm 사마륨 150.36	63 Eu 유로퓸 151.965	64 Gd 가돌리늄 157.26	65 Tb 터븀 158.925	66 Dy 디스프로슘 162.50	67 Ho 홀뮴 164.930	68 Er 에르븀 167.26	69 Tm 툴륨 168.934	70 Yb 이터븀 173.04	71 Lu 루테튬 174.967
	악티늄족 원소			89 Ac 악티늄 [227]	90 Th 토륨 232.038	91 Pa 프로트악티늄 [231]	92 U 우라늄 238.029	93 Np 넵투늄 [237]	94 Pu 플루토늄 [244]	95 Am 아메리슘 [243]	96 Cm 퀴륨 [247]	97 Bk 버클륨 [247]	98 Cf 캘리포늄 [251]	99 Es 아인슈타이늄 [252]	100 Fm 페르뮴 [257]	101 Md 멘델레븀 [258]	102 No 노벨륨 [259]	103 Lr 로렌슘 [260]

장을 몰고 올 일들의 시작이었습니다.

러더포드를 비롯한 여러 과학자들의 실험을 통해 밝혀진 바에 의하면 알파선은 헬륨 원자핵의 흐름입니다. 원소 주기율표에 따르면 헬륨은 수소 다음으로 작은 원소로 원자번호는 2이고, 질량수는 4입니다. 따라서 어떤 물질에서 알파선이 하나 방출되면, 그 물질의 원자번호는 2가 감소하고, 질량수는 4만큼 감소하게 됩니다. 즉, 이는 원소 자체가 주기율표에서 자리를 바꾸어 다른 것으로 변하는 것을 의미합니다. 이는 원자는 물질을 이루는 최소 단위가 아니며, 원소는 영구불변하는 것이 아니라 다른 물질로 바뀔 수 있음에 대한 증명입니다.

베타선 역시 마찬가지입니다. 베타선은 핵에서 중성자가 붕괴하여 양성자와 전자로 나뉘면서 튀어나오는 전자의 흐름입니다. 따라서 베타선이 하나 방출되면, 원자번호는 양성자의 개수를 의미하므로 원자번호가 1 증가하고, 질량은 변하지 않습니다(전자의 질량은 너무나 미미해서 무시합니다). 질량은 변하지 않았어도, 어쨌든 원자번호가 바뀌니 이것 역시 다른 물질로 변환된다고 말할 수 있죠. 자연 상태의 우라늄은 방사선을 계속 방출하면서 토륨, 악티늄, 라듐 계열을 거쳐 결국에는 납[Pb, plumbum]이 된답니다.

원자핵은 처음 생각했던 것보다 그리 안정적이지 않나봅니다. 원자번호에 따른 핵의 안정성을 살펴보면 철(원자번호 26) 근처의 중간 무게의 원자가 가장 안정적이고, 이보다 아주 무거우면 깨져서 중간으로 가려고 하고, 반대로 이보다 아주 가벼우면 융합해야 안정적이 되는 현상을 보이기 때문입니다. 따라서 무거운 원소의 핵은 핵분열nuclear fission을, 가벼운 원소의 핵은 핵융합nuclear fusion을 일으키는 현상을 보입니다. 핵분열과 핵융합에는 보통 화학변화에서는 상상할 수 없는 엄청난 에너지가 방출됩니다. 이때의 에너지 변환에 아인슈타인의 저 유명한 공식, $E=mc^2$가 등장합니다. 즉, 에너지(E)는 질량(m)에 광속(c)의 제곱을 곱한 만큼의 값을 가진다는 것으로 우라늄이 아주 작은 양으로도 엄청난 에너지를 낼 수 있는 것은 광속(30만km/s)의 제곱을 곱한 만큼의 에너지를 방출할 수 있기 때문이지요. 대표적인 핵분열과 핵융합을 일으키는 물질인 우라늄과 수소는 그 어마어마한 에너지가 인간의 삶과 죽음에 동시에 이용됩니다. 원자력 발전소와 핵폭탄, 수소융합 발전소와 수소폭탄이 그들의 양면적인 가능성을 보여줍니다.

본질을 볼 수 있는 진실의 눈

연금술은 비록 그 원래의 목적에서는 실패했지만, 그 결과물들은 후세에 이어져 근대 화학의 모태가 되었으며, 20세기 들어서는 가장 위험하고 매력적인 과학 분야인 핵물리학으로 이어지고 있습니다. 연금술이 본래의 허무맹랑한 본질에서 벗어나 이렇게 인간 생활을 풍요롭게 할 수 있었던 이유는 비록 목적 자체는 잘못되었

타로와 연금술_ 신비주의를 통칭하는 오컬트Occult는 타로와 연금술을 포함하고 있습니다. 타로와 연금술은 상징주의에서 비슷한 점이 많은데요. 실제로 타로의 1번은 연금술사(마술사)가 등장하죠.

더라도, 그 결과물의 옥석을 분류하여 현실에 제대로 적용한 사람들의 정확한 판단력이 있었기 때문입니다. 잘못된 것은 과감히 버릴 줄 알고, 오류를 제대로 시정할 줄 알며, 결과물의 진위를 파악하여 실제로 생활에 적용할 줄 아는 능력은 과학자뿐 아니라, 과학의 시대를 살아갈 여러분에게도 필요한 능력입니다.

해리포터와 마법사의 돌 VS 아리스토텔레스와 철학자의 돌

악당 볼드모트와의 일대 결전에서 궁지에 몰린 해리포터의 귓가엔 덤블도어 교장 선생님의 말씀이 맴돌았다.

"마법사의 돌은 아무나 가질 수 있는 게 아니란다. 신비한 돌의 강력한 힘을 잘 알고 있으면서도, 자신의 욕망을 위해 돌의 힘을 쓰지 않을 사람. 그런 사람만이 마법사의 돌을 가질 자격이 있단다."

모든 소원을 이루어주는 마법사의 돌이 볼드모트의 손아귀에 들어가면 마법세계는 물론 인간세계까지 무사하지 못할 것이다. 해리는 어떻게든 그를 저지하고 싶었지만, 볼드모트는 너무도 크고 강했다. 해리의 간절한 마음이 극에 달하는 순간, 해리는 호주머니가 갑자기 따뜻하고 묵직해진 것을 깨달았다. 피처럼 붉게 빛나는 마법사의 돌. 그것이 어느새 해리의 호주머니 안에 들어와 있는 것이었다! 마치 이제야 진정한 주인을 찾았다는 듯이 마법사의 돌은 그렇게 스스로 해리에게로 온 것이다.

–『해리포터와 마법사의 돌』에서 일부 각색

전 세계 무려 1억 권이 팔렸다는 소설인 『해리포터』 시리즈를 모르는 사람은 아마 별로 없을 것입니다. 너무 가난하여 출판사에 책을 제본해 보낼 돈이 없어 일일이 고물 타자기로 한 부를 더 찍어서 보냈다는 그 소설로 인해 작가인 조앤 롤링은 전 세계 누구도 부럽지 않을 만한 갑부가 되었습니다. 영화로도 제작되어 전 세계 사람들에게 자신을 알린 이 시리즈 소설 첫 권은 『해리포터와 마법사의 돌』입니다. 그러나 우리나라에서 그렇게 번역되었을 뿐 원제는 「Harry potter and the philosopher's stone」, 즉 '해리포터와 철학자의 돌'로 되어 있습니다. 소설 속에서 신비한 붉은 광채를 띠는 이 돌은 이를 가진 사람의 소원을 모두 이루어준다는 매혹적이고도 위험한 물질입니다. 이는 연금술사들이 금을 만들 때 필요하다고 했던 '철학자의 돌'에서 모티브를 따온 것이죠. 이것이 우리나라에서 번역할 때는 '철학자의 돌'로 직역하기보다는 그 속에 숨은 마술적 기운에 따라 '마법사의 돌'로 의역한 것입니다.

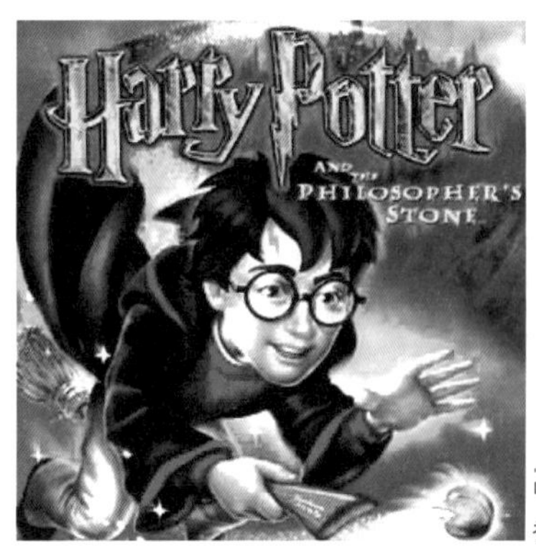

『해리포터와 철학자의 돌』 표지.

사실 서양 문화에서 '모든 것을 이루어주는 돌'의 이미지는 우리에게 『모래곤볼』에 나오는 '소원을 들어주는 여의주'처럼 매우 친숙한 이미지랍니다. 이 친숙함의 바탕에는 오랜 세월 동안 사람들을 사로잡았던 연금술이 있었답니다.

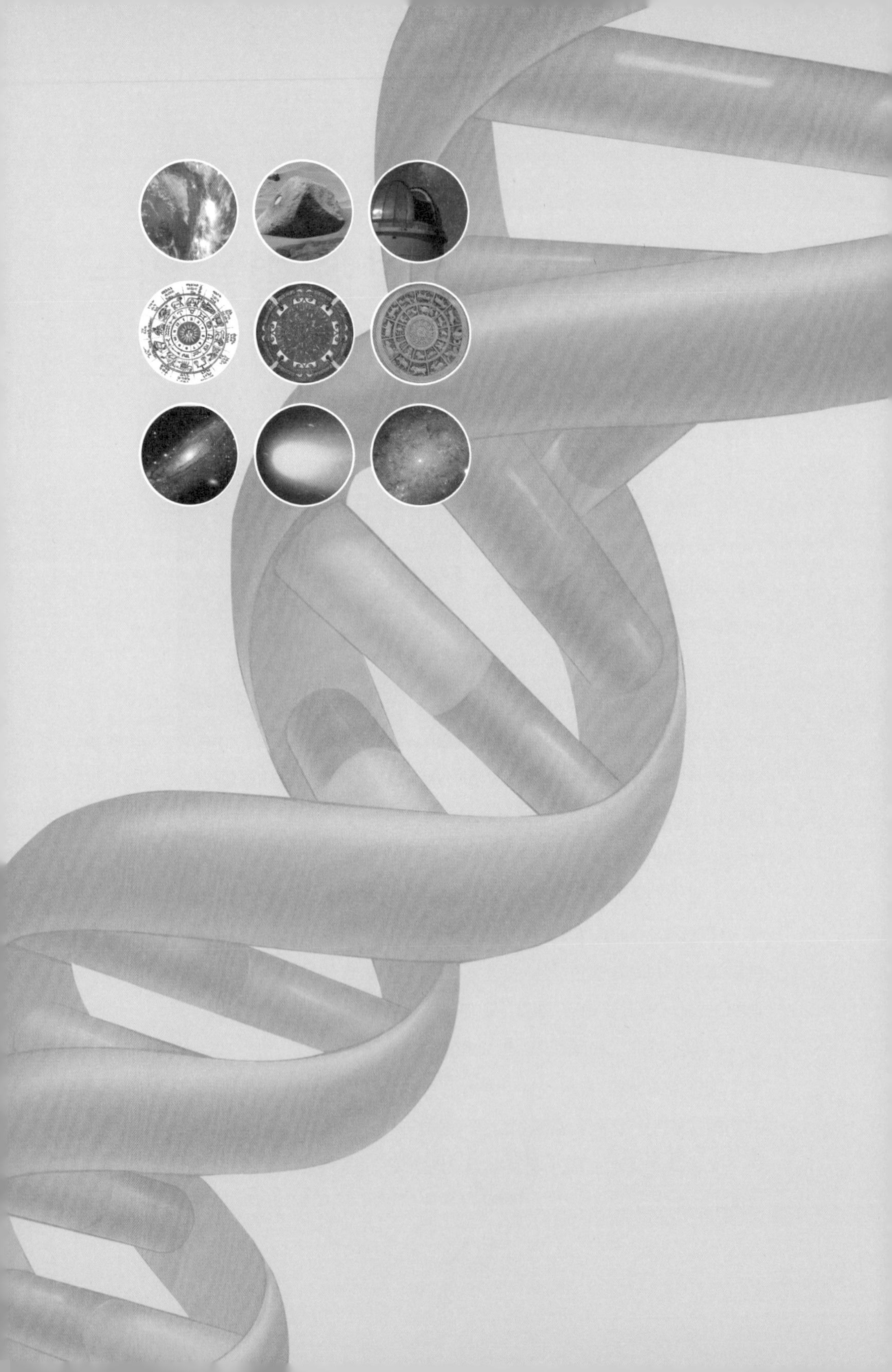

8

하늘을 보며 별을 읽는 노천 실험실

_점성술과 천문학

점성술사들은 하늘을 보고 미래를 예언해야 했기 때문에, 하늘을 면밀히 관찰했고, 별들의 움직임을 예측하는 방법을 찾았습니다. 여기서 파생된 것이 바로 천문학이죠.

스피릿의 전송사진_ 화성 탐사로봇 스피릿이 보내온 화성 표면 사진입니다.

2004년 1월 4일은 미 항공우주국NASA에서 쏘아올린 화성 탐사로봇 스피릿Spirit이 지구로부터 발사된 이후 7개월 만에 화성에 처음 발을 디딘 날이었습니다. 그리고 곧이어 25일에는 두 번째 탐사로봇 오퍼튜너티Opportunity가 성공적으로 화성에 착륙해 지금까지 화성 표면에 대한 다양한 정보를 우리에게 보내주고 있습니다.

스피릿과 오퍼튜너티가 보내오는 자료에 따르면 화성에는 물이 존재했던 흔적이 있어서 생물체가 있(었)

을지도 모른다는 가능성에 가슴을 뛰게 합니다. 또한 2005년 1월 4일에 스피릿이 지구로 보내온 사진 자료에 의하면 화성의 암석(사진의 붉은 점선 부분)에는 인燐, P 성분이 풍부하게 함유되어 있다고 합니다. 인은 자연 상태에서도 존재하지만, 생물체 내에 유기화합물로 존재하는 경우가 많아 화성에 생명체가 존재하리라는 실낱같은 희망을 더해주고 있습니다.

인류가 망원경을 발명하면서 달은 커다란 푸른 치즈도 아니고, 계수나무와 옥토끼가 살고 있는 곳도 아니라는 것을 알게 된 이후, 인간은 더없이 드넓은 우주의 크기에 압도되었고, 그 속에 홀로 존재하는 '지적 생명체' 로서 근원적인 외로움을 느끼게 되었습니다. 과연 이 넓은 우주에 우리만이 존재하는 걸까요? 만약 어딘가에 다른 생명체가 존재한다면, 그들은 어디서 어떤 모습으로 살아가고 있는 것일까요?

인류는 이제 미약하나마 자신이 살고 있는 지구를 떠나 다른 행성을 조금씩 탐험하는 수준에 이르렀습니다. 우리에게 있어 화성이 매력적인 이유는 지구와 비교적 가까이 있는 행성인데다가 금성처럼 너무 뜨겁지도, 토성처럼 얼어붙지도 않은 행성이며 극관의 존재를 통해 물의 존재 가능성이 제기되면서 오래전부터 태양계의 행성 중 생명체가 발생할 가능성이 가장 높은 곳으로 지적되었기 때문입니다. 화성의 양극에서 얼음으로 덮여 희게 빛나는 극관이 처음 알려졌을 때에는 이곳에 인위적으로 만든 수로가 있다는 소문이 퍼지면서 화성인이 존재한다는 믿음이 마치 진짜처럼 퍼지게 되었지요. 1938년 미국 라디오 방송에서 오손 웰즈의 「우주전쟁」이 라디오 드라마로 방송되었을 때 이를 진짜 화성인의 침공으로 착각한 사람들이 공포에 질린 채 집 밖으로 뛰쳐나왔다는 일화가 있을 정도니까요. 그러나 2005년에 개봉한 영화 「우주전쟁」은 별다른 파괴력을 선보이지 못한 채 극장에서 내려야 했으니, 70여 년 동안 사람들은 이미 화성인의 존재에 대해서는 까맣게 잊어버렸나 봅니다.

하늘을 올려다본 사람들

하늘 아래에서 태어나 하늘이 없는 곳에서는 살아갈 수 없는 사람들에게 오랫동안 하늘은 천국이 있는 곳이었고, 지상에서 고단하게 살던 영혼들이 안식을 얻어 편히 쉴 수 있는 곳이었습니다. 그렇기 때문에 하늘의 움직임은 인간들에게는 귀중한 신의 가르침이었고, 지표가 되었지요. 머나먼 동방에 살던 세 박사가 베들레헴의 초라한 마구간에서 태어난 예수님을 찾을 수 있었던 건 밝게 빛나는 별 때문이었다는 이야기는 유명하죠. 그런 의미에서 별과 천문학에 대한 이야기를 좀더 해볼까요?

해가 지고 어둠이 찾아오면 하늘에 별이 반짝입니다. 이러한 변화는 사람들에게 '시간'이라는 개념을 깨닫게 해주었죠. 그리하여

최초로 만들어진 달력은 '음력' 입니다. 달리 시간을 측정할 수 있는 수단이 없었던 사람들에게 일정한 주기로 차고 이지러지는 달의 모습은 시간을 측정할 가장 좋은 표지였을 테니까요.

세계 4대 문명 발생지인 메소포타미아 지방의 사람들은 처음으로 달의 모양을 보고 달력을 고안해냈다고 알려져 있습니다. 이들은 보름달에서 다음 보름달이 나타나는 시간을 한 달로 잡고, 1년을 12달로 만들었습니다. 달의 한 주기는 29.5일이기 때문에, 한 달은 29일, 다음 달은 30일이 번갈아 오게 배치하면 1년은 354일로 우리가 알고 있는 1년보다는 11일이 짧습니다. 음력은 달의 모양만 보면 지금이 대충 며칠인지 알 수 있는 편리성이 있지만, 전체적으로 보면 주기적으로 약 3년마다 한 달씩 날짜를 보정해주지 않으면

달의 변화_ 아주 오래전 옛날부터 달은 그 모습의 변화로 사람들에게 시간의 흐름을 알려주었습니다. 더불어 동서양에서 모두 신비스러운 존재로 인식되었죠.

실제 계절과 달력이 어긋나는 불편함이 있지요.

달 이외의 천체를 사용해 달력을 만든 최초의 사람들은 이집트인입니다. 나일 강은 1년에 한 번씩 범람하여 강바닥의 비옥한 토양을 주변 농지로 흘려보내 농사에 도움을 주었습니다. 물이 부족한 사막지역인 이집트에서는 해마다 일어나는 나일 강의 범람이 아니라면 농사를 지을 수 없었습니다. 따라서 이 지역에 사는 사람들에게는 나일 강의 범람이 어느 시기에 일어나는지 정확히 예측하는 것이 무엇보다도 중요했습니다.

시리우스_ 겨울철 별자리인 시리우스는 겨울 하늘의 대 삼각형을 이루는 큰개자리의 알파 별입니다. 밝기는 -1.5등급 정도로 밤하늘에서 매우 밝게 빛나는 별이죠. 고대 이집트에서 시리우스는 풍요의 여신인 이시스의 별로 알려져 있답니다.

그래서 음력보다 좀더 주기적인 달력이 필요했습니다. 그 결과 사람들은 하늘을 좀더 열심히 관찰하기 시작했고, 별들이 항상 같은 자리와 같은 시간에 반짝이는 것이 아니라, 주기를 두고 변화한다는 것을 알아챘습니다. 그 중에서 가장 큰 수확은 밤하늘에서 가장 밝은 별인 시리우스Sirius가 새벽녘에 반짝이는 시기가 되면 나일 강이 범람한다는 것을 알아낸 것입니다. 이후, 시리우스는 '나일의 별' 이라고 불리며 하늘을 관측하는 것이 일상생활에 도움이 된다는 것을 가르쳐준 대표적인 별이 되었습니다.

하늘을 관찰하는 두 가지 방법, 점성술과 천문학

이렇듯 고대인들은 하늘을 관측하여 별자리의 움직임을 파악하는 것이 일상생활에 도움을 준다는 것을 깨달았고, 별들을 열심히 관찰하기 시작했습니다. 즉, 천문학이라는 개념이 시작된 것이죠. 그들은 움직이지 않고 고정된 북극성으로 방향을 잡았고, 달이 차고 이지러짐에 따라 바닷물이 들고 남을 알았습니다.

이렇게 시작한 별자리의 관측은 두 가지 길로 들어서게 되었는데, 바로 점성술과 천문학입니다. 점성술astrology과 천문학astronomy은 그 어원이 매우 비슷합니다. 점성술은 '별astro+학문logos' 이란 뜻이고, 천문학은 '별astro+법칙nomos' 이라는 뜻입니다. 즉, 별에 대하여 논하는 것은 점성술이고, 별들의 법칙을 연구하는 것이 천문학이라는 뜻입니다. 고대인에게 점성술과 천문학은 혼재된 개념이었습니다. 물론 그들이 생각하는 우주와 현재 우리가 알고 있는 우주는 차이가 있기 때문에, 고대의 개념이 현대에 적용되기는 무리입니다. 고대인들은 지구가 평평하고 둥근 돔처럼 생긴 하늘이 지구를 덮고 있다고 생각했지요. 유난히 반짝이는 별은 신적 존재이거나 위대한 인물이 죽어서도 영원히 빛나는 것이라 믿으며, 별똥별이 하나 떨어질 때마다 누군가가 죽는 것이라 슬퍼했습니다. 그러나 이제 우리는 지구는 둥글고 하늘이란 지구에서 바라본 우주이며, 별은 뜨겁게 빛나는 엄청나게 큰 천체라는 것을 알고 있습니다. 이런 세상에서 고대인의 사고방식으로 현대를 살아가는 것은 무리가 따릅니다. 그 중에서 대표적인 것이 이 점성술이랍니다.

오래된 옛 시절, 점술사와 마법사는 국가의 대소사를 관장하고 생사여탈권을 쥔 강력한 권력자였습니다. 그들은 다른 사람들처럼 힘든 노역에 종사하지 않고도 하늘과 소통이 된다는 이유로 인해 잉여생산물을 공급받으면서 사람들을 지배했지요. 그들이 권력을 가진 이유는 무엇일까요? 그들은 하늘과 소통하는 것이 아니라, 하늘이 가지는 법칙, 즉 과학적 사실을 혼자만 독점했기 때문입니다. 그들만이 약간의 천문학과 연금술적인 화학 지식을 가지고 자연의 섭리에 대해 조금이나마 알고 있었기 때문이지요.

처음 농사를 짓기 시작한 시절, 달력도 없고 시간을 측정하는 도구도 없던 시절, 일년 중 어느 때에 곡식의 씨를 뿌려야 하는지를 결정하는 일은 매우 중요하고도 어려운 일이었습니다. 지금이 3월인지 5월인지 알아야 씨앗을 뿌릴 건지, 채소밭을 일굴 건지 알 수 있을 테고, 적당한 시기를 놓치지 않고 씨를 뿌려야만 긴긴 겨울을 굶어죽지 않고 넘길 수 있었을 테니까요.

이때, 별의 움직임을 읽어 계절을 파악하고 씨 뿌리기 좋은 시기가 되었음을 알려주는 점술사와 화학적인 비법으로 돌에서 금과

고대인들은 유난히 반짝이는 별을 신적 존재이거나 위대한 인물이 죽어서 영원히 빛나는 것이라 믿었습니다. 이제 우리는 별이 뜨겁게 빛나는 엄청나게 큰 천체라는 것을 알고 있습니다. 그럼에도 여전히 별에 수많은 낭만과 사연을 실어 보내고 싶어지니 아무래도 별이 자아내는 그 경이로움에 매혹당해서이겠지요.

쇠를 뽑아낼 줄 아는 마법사는 과학적 정보를 독점함으로써 대중을 지배해왔던 것입니다. 현대인의 눈으로 보기에는 아주 단순해 보이는 과학적 사실을 아는 것만으로도 이들 주술사들은 잉여 생산물을 제공받고 권력을 독점할 수 있었으니, 명실공히 과학의 세기를 살고 있는 우리 세대에서야 과학 정보에 대한 독점이 어떤 결과를 가져올지는 짐작이 될 테지요.

점성술과 별점

점성술은 현대에 와서도 사라지지 않고, 꾸준히 그 명맥을 이어오고 있습니다. 하늘의 별의 움직임이 자연과 인간에게 영향을 준다는 개념은 우리가 알지 못하는 거대한 힘이 우리에게 작용한다는 느낌을 주니까요. 그러나 점성술은 오컬티즘occultism의 일부입니다. 오컬티즘이란 비밀과 은닉을 뜻하는 라틴어의 occult에서 유래된 말로 과학적 법칙과 논리적인 이치로는 설명이 불가능한 신비하고 불가사의한 사항을 둘러싼 관념 · 의례 · 관행을 뜻하는 말입니다. 천리안적인 투시력과 예언력, 영혼과의 소통, 빙의, 점성술, 손금, 연금술, 수맥탐사, 수정구슬점 등이 오컬티즘에 속합니다.

대부분 잡지의 맨 뒤페이지에 단골로 등장하는 '별점'이 여러분에게 익숙할 테니 이를 예로 들어 설명하지요. 별점은 '황도 12궁'에 해당하는 열두 개의 별자리를 일년으로 나누어 각각 그 시기에 태어난 사람들은 그 별자리의 영향을 받는다는 이야기입니다.

그러나 이 황도 12궁 자체가 틀린 개념입니다. 고대인들은 태양이 1년을 주기로 하늘에서 조금씩 이동하여 떠오른다는 것을 발견했습니다. 태양이 이동하는 길을 하나로 연결하면 커다란 원이 되는데 이를 태양이 천구를 이동하는 것처럼 보이는 가상의 길이란 뜻의 황도黃道, ecliptic라 불렀습니다. 또한 이 황도를 12개로 나누고 각 구간에 그를 대표하는 별자리를 설정한 것이 바로 황도 12궁입니다.

이 별들도 나름대로 공전을 하지만, 지구에서의 거리가 워낙 멀어서 육안으로 그 차이를 관찰하긴 힘들어 당시 사람들은 별들은 움직이지 않고 태양이 움직인다고 생각했죠. 지구에서 태양을 관찰하면, 마치 태양이 매달 다른 별자리를 배경으로 떠오르는 것처럼 보입니다. 그래서 그때그때 태양의 배경으로 떠오르는 대표적인 별자리 열두 개가 황도 12궁이 된 것입니다.

고대의 기록을 보면 황도 12궁은 양자리에서 시작하여, 황소, 쌍둥이, 게, 사자, 처녀, 천칭, 전갈, 궁수, 염소, 물병, 물고기자리의 순으로 자리를 잡고 있습니다. 이 황도 12궁의 개념을 처음 사용한 고대 그리스에서는 1년의 시작을 춘분春分, vernal equinox으로 잡았고, 당시 춘분에는 태양이 양자리 근처에서 떠올랐기 때문에 순서가 이

한 점성술사의 비밀

천체현상, 즉 별의 모양이나 밝기 또는 자리 등을 보아서 사람의 운명이나 장래를 점치는 이를 점성술사라고 하지요. 16세기 프랑스의 유명한 예언가 노스트라다무스도 점성술을 배웠다고 합니다. 점성술사들의 예언방법이 어떤가는 아직까지 미스터리입니다.

렇게 결정되었죠. 경칩警蟄과 청명清明 사이의 24절기의 하나인 춘분은 태양이 남에서 북으로 천구天球의 적도와 황도가 만나는 점(춘분점)을 지나가는 3월 21일경을 말합니다. 이 날은 밤낮의 길이가 같지만, 실제로는 태양이 진 후에도 얼마간은 빛이 남아 있기 때문에 낮이 좀더 길게 느껴진다고 해요. 그런데 현재는 어떨까요? 약 2,000여 년이 지난 현재, 태양은 춘분에 양자리가 아닌 물고기자리를 배경으로 뜬다는 사실을 여러분은 알고 계시나요?

황도 12궁_ 이집트에서 만들어졌다는 황도 12궁과 띠의 조각품입니다.

왜 이런 일이 벌어졌을까요? 그건 지구가 세차운동歲差運動, precessional motion을 하기 때문입니다. 사전적 의미로 세차운동이란 회전체의 회전축이 일정한 부동축不動軸의 둘레를 도는 현상으로, 연직축에 대하여 약간 기울어진 팽이의 축이 비틀거리며 회전하는 운동을 말합니다. 천문학적으로는 지구의 자전축이 황도면의 축에 대하여 2만 5,800년을 주기로 회전하는 운동과 인공위성의 공전궤도면의 축이 지구의 자전축에 대하여 회전하는 운동 등이 있습니다.

지구의 중심축이 똑바른 것이 아니라, 23.5도 기울어져 있다는 건 아시죠? 지구는 이렇게 약간 삐딱하게 서서는, 황도면에 수직인 고정축을 중심으로 2만 5,800년을 주기로 한 바퀴 도는 세차운동을 합니다. 따라서 지구상에서 보기엔 2만 5,800년을 주기로 하여 황도상의 별자리가 한 바퀴 돌게 되고, 이를 12로 나누면 25,800/12 = 2,150, 즉 2,150년을 주기로 황도상의 별자리가 한 칸씩 움직이는 것처럼 보이게 됩니다. 그러나 사람의 일생은 기껏해야 백년이기에 고대인들은 이런 현상을 모른 채 황도 12궁을 나누고 별자리를 나누었던 것입니다. 그리하여 현재는 춘분 즈음에 태양이 양자리가 아닌 물고기자리를 배경으로 떠오르며, 앞으로 2,000년쯤 지나면 태양은 그 시기에 물병자리를 벗 삼아 떠오르게 될 겁니다.

그런데 점성술을 살펴볼까요? 별자리를 살펴보면 춘분은 양자리(3월 21일~4월 19일)에 포함되어 있습니다. 이건 2,000년 전에는 맞는 말이었을지 모르지만 현재에는 맞지 않습니다. 점성술사들은

세차운동의 진행.

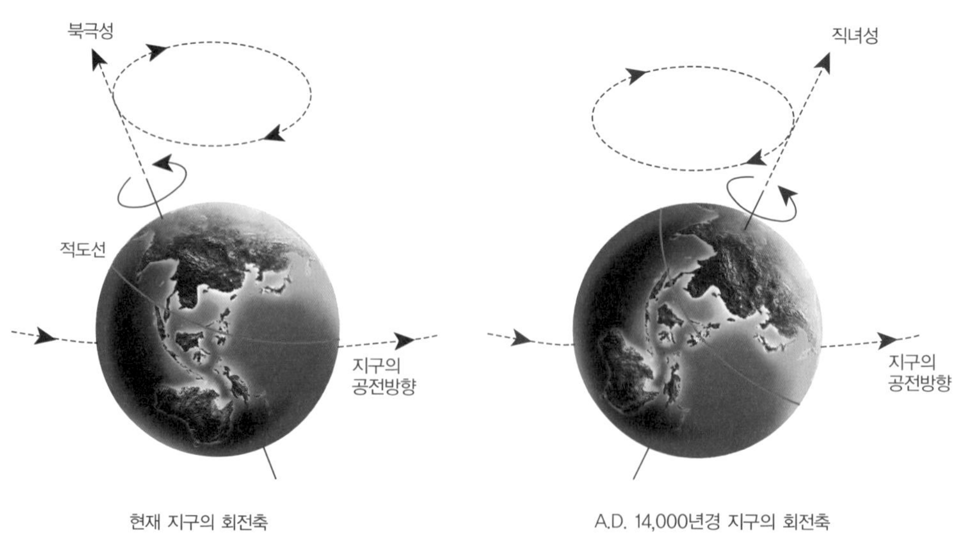

현재 지구의 회전축

A.D. 14,000년경 지구의 회전축

물병자리

물고기자리

양자리

황소자리

쌍둥이자리

게자리

사자자리

처녀자리

천칭자리

전갈자리

사수자리

염소자리

2,000년 전에 만들어진 달력을 아직도 사용하기 때문에 현재와는 맞지 않는 것이죠. 때로는 오히려 이런 점이 점성술을 더욱 신비롭게 만들어 사람들을 유혹하고 있긴 합니다만, 2,000년 동안 강산은 수백 번 변했고 하늘의 별자리마저 변했는데 과연 이것이 현재에도 그대로 맞을 확률이 얼마나 될까요?

12개 별자리_ 우리가 탄생일을 기준으로 잡는 별자리는 막상 그 기간에는 볼 수가 없습니다. 이는 황도 12궁이 태양이 그 별자리에 위치해 있을 때의 기간을 잡은 것이기 때문인데요. 탄생별자리라 부르는 별은 낮에 태양과 함께 떠 있답니다.

천문학의 시작

황도 12궁 이야기가 길어졌는데, 다시 점성술과 천문학의 차이로 돌아가죠. 점성술은 한 마디로 '천체의 움직임을 살펴 미래를 예측하는 것' 입니다. 인간은 태어날 때부터 수호성을 지니기에 하

최초의 천문학서 「알마게스트」_ 최초의 천문학자 프톨레마이오스의 저서입니다.

늘의 운행이 사람의 운명에 영향을 끼친다고 믿어 왔기 때문입니다. 이런 맥락에서 하늘의 조화를 깨는 유성이나 혜성의 출현은 흉조로 받아들여지곤 했지요. 점성술사들은 하늘을 보고 미래를 예언해야 했기 때문에, 하늘을 면밀히 관찰해야 했고, 별들의 움직임을 예측하는 방법을 찾았습니다. 여기서 파생된 것이 바로 천문학이죠.

프톨레마이오스Ptolemaeos, 85?~ 165?는 점성술사이자, 최초의 천문학자입니다. 그는 『알마게스트 *Almagest*』란 이름으로 더 유명한 『천문학 집대성 *Megale Syntaxis tes Astoronomias*』이라는 책을 남겼습니다. 이 책은 프톨레마이오스의 천재성을 잘 나타내주는 책으로, 유럽에서는 15세기가 되어서야 그의 이론을 완전히 이해하는 천문학자가 나타났을 정도라고 합니다. 그는 우리가 현재 사용하는 48개의 별자리를 정리했으며, 일식과 월식, 행성간의 움직임도 상당히 정확하게 예측했기에, 아리스토텔레스의 관념적인 개념에 비해서, 학문적으로 의미 있는 저서입니다.

그러나 그의 이론은 천동설天動說, geocentric theory을 바탕으로 했기 때문에 기본적인 가정 자체가 틀렸다는 것이 가장 큰 약점입니다. 천동설은 지구는 우주의 중심에서 움직이지 않으며, 그 둘레를 달과 태양을 비롯한 모든 행성行星들이 천구를 따라 공전한다고 생각하는 우주관으로 '지구 중심설' 이라고도 합니다. 원시인들은 땅은 고정되어 있고 평평하며, 하늘이 땅을 중심으로 회전하고 있다고 믿었습니다. 더불어 그리스인들은 우주를 조물주가 만들어낸 완전한 것이라고 믿었으며 천체는 둥글고, 지구를 중심으로 지구를 둘러싼 행성들이 등속운동을 한다고 믿었습니다. 프톨레마이오스의 『알마게스트』는 그야말로 천동설의 완결판으로서 중세 시대를 지배하던 기독교적 교리에 잘 들어맞았기 때문에, 교회의 전폭적인 지지를 얻고 1,000년이 넘는 시간 동안 믿어져왔답니다.

그러나 아무리 신학적 권위가 강하다고 하더라도 자연의 현상을 올바르게 읽어낼 수 있는 사람이 나타나는 것까지는 막지 못했습니다. 16세기에 코페르니쿠스Copernicus, Nicolaus, 1473~1543가 마침내 지구는 우주의 중심이 아니라는 것을 알아냈기 때문입니다. 1543년 「천체의 회전에 관하여 *De revolutionibus orbium coelestium*」라는 논문을 발표하여, '지동설' 을 처음으로 주장했습니다.

천구의 회전_ Polaris를 포함한 천구는 시차운동에 의해 서서히 시계반대방향으로 회전하고 있는데요. 현재 Polaris의 위치는 AD 1년에서 AD 8000년의 1/4 지점을 막 통과하고 있습니다. Polaris는 북극성을 이야기하는데요. 나머지 별들의 이름도 찾아보세요.

코페르니쿠스의 주장은 당시 사회 통념과 종교 개념에 정통으로

위배되는 것이었기에 교회는 그의 책을 금서禁書로 지정했고, 끝까지 지동설을 지지하던 브루노Giordano Bruno, 1548~1600는 결국 화형을 당했습니다.

그러나 진리는 언젠가는 밝혀지는 법, 아무리 숨기고 박해한다고 하더라도 진실이 바뀌는 것은 아니지요. 이후 티코 브라헤, 케플러, 갈릴레이, 뉴턴에 이르면서 지동설은 점차 힘을 얻기 시작했고, 결국에는 천동설을 밀어내고 우주관을 제대로 성립했습니다. 여담이지만 '코페르니쿠스적 사고'란 천년을 넘게 내려온 우주관을 뒤바꾼 그의 사상적 참신함을 이어받아, 고정관념을 타파하는 '발상의 전환'을 의미하는 말로 쓰인답니다.

코페르니쿠스_ 지동설을 주장한 코페르니쿠스는 안타깝게도 지구의 공전과 자전의 증거를 밝혀내지는 못했습니다.

발전하는 천문학

천동설과 지동설의 힘겨루기에서 지동설이 힘을 받을 수 있었던 건 티코 브라헤와 케플러에게 힘입은 바가 큽니다. 티코 브라헤Tycho Brahe, 1546~1601는 망원경 없이 볼 수 있는 모든 것을 관찰한 관측의 귀재였고, 그의 제자인 케플러Johannes Kepler, 1571~1630는 관측 결과를 통해 수식을 유추해낸 수학의 천재였습니다. 둘은 성격이 잘 안 맞아 항상 으르렁댔지만, 학문적인 면에서는 이보다 더한 파트너가 없었죠. 케플러는 브라헤의 관측 결과를 토대로 현대 물리학의 기초가 되는 3가지 법칙을 만들어냈습니다. 그게 바로 교과서에도 등장하는 '케플러의 3법칙' 이랍니다.

그들과 거의 동시에 갈릴레이Galileo Galilei, 1564~1642는 렌즈를 두 개 겹쳐서 스스로 망원경을 만들어, 그것으로 별들을 관찰하고 있었습니다. 그는 목성의 둘레를 도는 위성 4개를 발견하여, 지구를 중심으로 움직이지 않는 물체가 있다는 것을 증명하는 등, 지동설이 옳다는 것을 뒷받침해주는 증거를 많이 제시했습니다. 물론 이런 이유로 종교재판에 회부되고 가택연금에 처하는 등 그의 일생도 편안하지는 못했지만 말이에요.

갈릴레이가 자신의 이론을 펼치지 못하고 한을 담은 채 죽은 바로 그 날, 또 한 사람의 위대한 과학자가 탄생했습니다. 바로 고전물리학의 아버지인 영국의 과학자 뉴턴Isaac Newton, 1642~1727입니다. 뉴턴은 「만유인력의 법칙The laws of universal grabitation」을 발견하여, 행성들이 어떻게 해서 일정한 궤도를 그리며 움직이는지를 명확히 설명해내어 지동설의 손을 들어주었습니다. 1687년에 발표된 뉴턴의 저서 『프린키피아 *Principia*』는 역대 역학과 물리학 사상 최고의 저서 중 하나입니다.

그의 이론에 영향을 받은 친구 핼리Edmond Halley, 1656~1742가 혜성의 움직임을 관측하여 다음 출현 시기를 예측했을 정도였습니다. 그의 이름을 딴 핼리 혜성은 그의 예언대로 정확히 76년마다 긴 꼬리를 휘날리며 지구로 찾아오고 있답니다. 가장 최근의 핼리 혜성은

핼리 혜성_ 영국의 천문학자 핼리는 1705년에 뉴턴이 발표한 만유인력의 이론에 따라서 혜성이 태양의 주위를 76년의 주기로 돌고 있다고 발표했습니다. 근래 우주 카메라에 의하여 얼음에 덮인 핵核과 꼬리가 선명하게 포착되었습니다.

1986년에 출현했으며, 2061~2062년에 다시 그 모습을 볼 수 있을 것입니다.

18세기 이후, 지동설이 정립되면서 나름대로 체계를 갖추게 된 천문학은 눈부시게 발전하기 시작했습니다. 허셸William Herschel, 1738~1822이 천왕성을 찾아냈고, 여러 학자에 의해서 화성과 목성 사이에는 수많은 별 조각으로 이루어진 소행성대가 있음이 밝혀졌습니다. 이제는 행성의 움직임을 계산하여 별을 찾아낼 정도로 자신감이 붙었습니다. 해왕성은, 천왕성의 궤도가 계산과 조금 차이가 나는 것에 착안해 천왕성에 영향을 미치는 행성이 있을 것이라는 전제 하에 수학적 계산을 통해 위치를 예측하여 찾아낸 행성입니다.

다른 과학 기술의 발달 역시 천문학의 발달에 영향을 미쳐, 정교한 천문 사진을 찍을 수 있게 된 1930년에 결국 태양을 도는 마지막 아홉 번째 행성인 명왕성까지 찾아내게 되었답니다. 2002년 발견된 '콰오아Quaoar' 와 2004년 발견된 '세드나Sedna' 가 태양계의 열 번째 행성이라는 보고가 있었지만, 아직 정식 인정되진 않았습니다.

거기에 더해, 은하가 빠른 속도로 멀어져 간다는 「허블의 법칙」, 고전 물리학의 법칙을 깨뜨린 아인슈타인의 「상대성 이론」, 가모프의 「빅뱅 이론Big Bang Theory」 등이 줄줄이 등장하면서 천문학은 최고의 전성기를 맞이하게 되었죠. 이런 노력들은 드디어 1969년 암스트롱이 인간으로서는 최초로 지구 외의 천체인 달에 첫발을 내디딘 후, 금성 탐사선 마젤란, 화성 탐사선 스피릿과 패스파인더, 목성 탐사선 갈릴레오와 보이저, 토성 탐사선 카시니와 호이겐스 등으로 현실화되었습니다.

드넓은 우주를 향하여

1958년부터 미국 국립항공우주국은 '파이어니어 계획' 을 실시하여, 행성탐사의 본격적인 장을 열었습니다. 이 계획하에 주로 과학적인 관측을 목적으로 모두 13개의 우주탐사선이 발사되는데,

안드로메다 은하_ 2002년 12월 31일 관측된 안드로메다은하입니다. 안드로메다 은하는 지구가 속한 '우리 은하(은하계)'와 가장 가까운 외계 은하로 알려져 있습니다. 가을에 관측되는데, 우리 은하계 밖의 천체 중 맨눈으로 볼 수 있는 유일한 천체입니다.

그 중에서 특히 유명한 것이 1972년에 발사한 파이어니어 10호로, 목성의 강력한 중력을 이용하여 태양계를 탈출한 최초의 인공 우주선입니다. 파이어니어 10호는 1983년 6월 13일 태양계를 벗어난 이래, 33년간의 긴 항해를 계속하고 있습니다. 파이어니어 10호는 혹시 외계인을 만날지도 모른다는 희망 아래 지구인이 외계인에게 보내는 메시지를 싣고 오늘도 드넓은 우주 어딘가를 유영하고 있을 겁니다.

인간이 처음 하늘의 별을 자각하기 시작하기 훨씬 전부터 별들은 그곳에 있었고, 나름대로의 법칙과 질서에 입각하여 생성하고 소멸하고 움직여왔습니다. 그러나 인간은 그 별들을 자신들의 입맛에 맞게 해석하고 받아들였습니다. 고대인들은 지구가 평평하고 온 우주의 중심이라 믿었기에 그만큼의 사실만 받아들일 수 있었을 겁니다. 시간이 지나면서 과학과 사회의 발달로 인해 점점 새로운 사실이 밝혀지면서 우리는 기존에 가지고 있던 시각들이 얼마나 편협하고 좁은 시각이었는지 깨닫게 되었고, 하나씩 오류를 수정해 나갔습니다. 이제는 더 이상 지구가 평평하다고 믿는 사람은 없습니다. 인류는 직접 우주에 나가서 동그랗고 파란 지구의 모습을 보았으니까요.

처음 지동설이 등장했을 때, 사람들은 그것을 믿으려 하지 않았습니다. 기존에 알아왔던 진리를 송두리째 깨뜨리고 새로운 법칙에 적응해야 한다는 사실이 두려웠기 때문이죠. 그러나 만약 사람들이 새로운 지식을 받아들이지 않고 그대로 천동설만 지지하고 있었다면 우주 밖에서 바라본 아름다운 지구의 사진은 결코 찍을 수가 없었을 겁니다. 과학은 끊임없는 호기심을 충족하고자 하는 욕구와 발견한 사실들의 진위 여부를 가려 받아들이고 오류는 과감히 수정하는 용기에 의해 발전합니다. 코페르니쿠스적 사고는 과학의 시대를 살아갈 21세기 여러분에게 꼭 필요한 생각이랍니다.

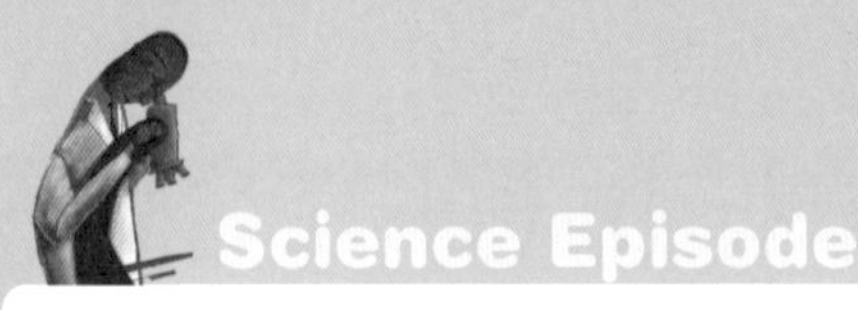

그래도 지구는 돈다!

지동설의 수용과정 살펴보기

지동설地動說, heliocentric theory이란 “지구는 우주의 중심이 아니라, 단지 금성이나 목성과 같은 행성의 하나로 자전하면서 동시에 태양 주위를 공전한다”고 설명하는 우주관을 말하죠.

코페르니쿠스는 태양으로부터 가까운 순으로 수성, 금성, 지구, 화성, 목성, 토성 등의 행성들이 배열되어 있으며, 각 행성들은 일정한 속도를 가지고 태양 주위를 원 궤도를 그리며 돌고 있다고 생각했습니다. 그러나 아쉽게도 그는 이 주장을 뒷받침할 관측 자료를 제시하지 못하였기 때문에 학계와 종교계로부터 많은 공격을 받았습니다.

후에 덴마크의 티코 브라헤가 이를 뒷받침할 만한 자료를 제시했고, 그의 제자인 케플러는 이 자료를 이용하여 태양을 중심으로 지구가 어떻게 움직이는가 하는 것에 관하여 세 가지 법칙을 만들었습니다.

이름하여 케플러의 3법칙이라고 하지요.

케플러의 3법칙

① 타원의 법칙law of ellipse : 행성은 태양을 한 초점으로 하는 타원 궤도를 그린다.

② 면적 속도 일정의 법칙law of areas : 태양과 행성을 이은 선분이 같은 시간에 움직이는 면적은 같다.

③ 조화의 법칙harmonic law : 행성의 공전 주기의 제곱은 궤도 장반경의 세제곱에 비례한다.

한편, 케플러와 같은 시대에 살았던 이탈리아의 과학자 갈릴레오 갈릴레이는 1632년 출간된 그의 저서 『프톨레마이오스와 코페르니쿠스의 두 대우주체계에 관한 대화』에서 프톨레마이오스를 등장시켜 코페르니쿠스의 지동설이 옳다고 주장하였습니다. 갈릴레이는 이로 인해 종교재판에 회부되었고, 비록 외압에 의해 지동설을 부정했음에도 "그래도 지구는 돈다."라는 말을 남겼다고 전해집니다.

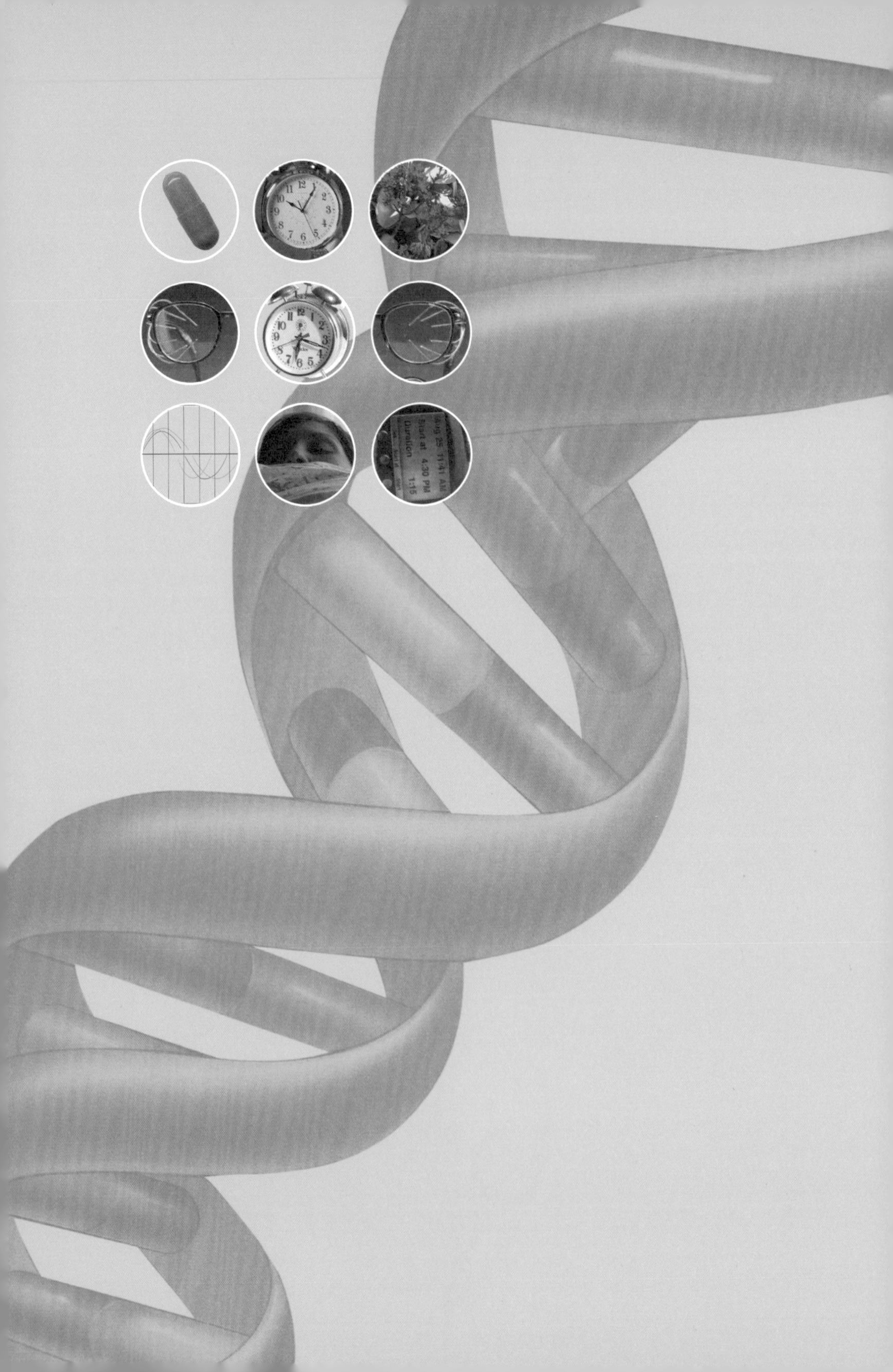
Aug 25 11:41 AM
Start at 4:30 PM
Duration 1:15

9

우리의 몸을 관장하는 생체시계의 실체는?

_바이오리듬과 건강

바이오리듬 자체는 유사과학의 일종이지만, 인간을 비롯한 모든 생명체는 일정한 주기를 가지고 살아가는 것이 사실입니다. 이것이 바로 생체시계이지요.

일반적으로 어른들은 '고교시절' 이라는 단어 속에서 다시 올 수 없는 청춘이니, 인생의 황금기니 이런 달콤한 포장을 하기를 좋아합니다. 그런데 정말로 그 시기는 그렇게 즐겁고 꿈같은 시절이었을까요? 제 생각으로는 지금 그 시기를 살고 있는 10대들에게 고교시절은 결코 녹록한 시기가 아니라는 생각이 듭니다만…….

개인적으로 저는 벌써 고등학교를 졸업한 지도 10년이 넘었지만, 그때의 기억은 행복하거나 즐거웠다기보다는 아침 7시부터 밤 9시까지 계속되는 수업과 1주일이 멀다고 치러지는 각종 시험들, 무거운 책가방과 두 개 혹은 세 개씩이나 되어 책가방보다 더 무겁던 도시락으로 떠오릅니다. 그 시기의 학생들에게 가장 귀찮고 걱정되는 것이 시험—아마 지금도 그렇겠지만—이었고, 중간고사나 학기말 시험이 되면 시험에 영향을 준다는 각종 '징크스' 들이 떠돌곤 했지요. 이로 인해 미역국을 먹지 않는다든가, 머리를 감지 않거나 손톱을 기르고, 특정한 펜으로만 시험을 보는 것은 흔한 일이었지요. 그리고 당시 우리에게 영향을 미치던 또 하나의 징크스는 어디에서 시작되었는지 알 수 없지만, '바이오리듬biorhythm' 의 고저 곡선이었습니다.

바이오리듬이란?

바이오리듬이란 인간의 신체 · 감정 · 지성知性에 주기週期가 있다는 주장에서 말하는 일종의 주기입니다. 다른 말로 인간주기율人間週期律 또는 신체physical · 감정sensitivity · 지성intellectual의 머리글자를 따서 PSI 학설이라고도 합니다.

바이오리듬은 1906년 독일의 W. 프리즈Wilhelm Fliess라는 의사가 환자들을 진료하던 중, 환자들의 질병 패턴—설사 · 발열 · 심장발

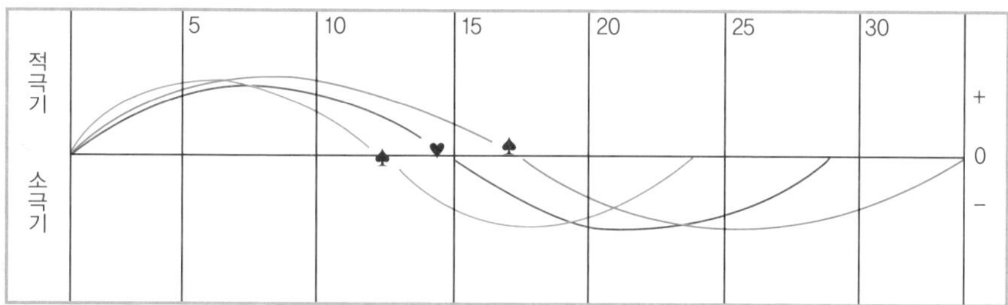

바이오리듬의 주기_ 바이오리듬 표를 보면 지성은 33일 감정은 28일 신체는 23일 주기로 호전과 역전을 반복하는 것으로 보입니다.

작 · 뇌졸중 등 — 에 규칙적인 주기가 있다는 사실을 발견하고 조사해서 정리한 이론입니다. 그 결과 그는 남자와 여자는 각각 남성인자(신체 리듬:P)와 여성인자(감정 리듬:S)에 의해서 지배되며 남성인자에는 23일, 여성인자에는 28일의 주기가 있고, 이와는 별도로 기억력 등 지적인 면에도 33일을 주기(I)로 하는 주파가 있다는 것을 찾아내었다고 주장하며 이를 바이오리듬이라고 이름 붙였습니다.

또한 그는 1928년에는 신체 · 감정 · 지성의 주기를 이용해 태어난 날로부터 바이오리듬을 산출해낼 수 있는 표를 만들어 스포츠나 의학에서 적용시키고자 했습니다. 이후, 바이오리듬은 엄청난 인기를 끌어 환자의 진료뿐 아니라, 직장에서의 능률유지 · 안전관리 등에도 폭넓게 이용되었죠.

바이오리듬은 각각의 주기가 상승과 하강 곡선을 통해 연결되며 주기가 하락하기 시작하여 바닥을 치는 경우를 '위험일'로 보아 그 지수에 따른 신체적 · 정신적 상태가 가장 나쁘다고 경고합니다. 따라서 이런 날은 사고나 실수를 조심하고, 시험이나 중요한 일은 가급적 피하는 것이 좋다는 친절한 충고까지 곁들여주기도 합니다. 언뜻 보면 이 이론은 상당히 그럴싸해 보입니다. 뭔가 심오한 뜻을 가지고 있을 것 같은 23, 28, 33일의 주기가 반복되면서 가득히 그려지는 사인함수를 닮은 그래프 모양은 흔히 수학책에서 많이 접한 모습으로 어딘지 과학적일 것 같고, 객관적일 것 같은 느낌을 가져다주기 때문이죠. 그래서인지 요즘 나오는 신형 휴대폰에는 자신의 바이오리듬을 알려주는 프로그램이 내장되어 있기도 합니다. 그러나 결론부터 이야기하자면, 바이오리듬은 그 근거가 매우 희박합니다.

애초에 바이오리듬은 프리즈의 개인적인 취향에서 비롯된 이론인 것으로 학자들은 생각하고 있습니다. 여성이 월경을 통해 28일의 주기를 가진다는 (사실 이것도 그리 정확한 이야기는 아닙니다. 28일은 월경보다는 달의 차고 이지러짐의 주기입니다. 여성의 월경주기는 23~45일까지 매우 다양해서, 실제 28일 주기를 가지는 여성은 전체의 35%에 불과합니다) 잘 알려진 사실에 개인적으로 의미 있을 것이라고 생각되는 23과 33이라는 숫자를 조합하여 만들어낸 이론인 것이죠. 어떤 통계적으로 의미 있는 데이터를 수집, 분석해서 이론을 만들어낸 것이 아니라, 이론을 먼저 만들어놓고 어떻게든 이 이론에 맞도록 꿰어 맞춘 것이 바로 바이오리듬입니다.

아직도 바이오리듬에 대한 신봉자는 존재하여, 우주 전체에 흐르는 커다란 기氣의 순환 속에 사는 인간에게도 주기는 존재하기 때문에 바이오리듬은 실제로 존재한다고 주장하는 이들이 있습니다. 실제 이들의 주장 중에 일부는 맞습니다. 인간에게도 일정한 주기가 존재한다는 것 자체는 사실이니까요.

스스로 시간을 아는 꽃, 칼랑코에

바이오리듬 자체는 유사과학의 일종이지만, 인간을 비롯한 모든 생명체는 일정한 주기를 가지고 살아가는 것이 사실입니다. 이것이 바로 생체시계biological clock이지요.

봄이 되면 새싹이 돋으며, 여름이면 짝짓기를 하고 가을이면 열매를 맺고 추운 겨울이면 잎을 떨어뜨리고 겨울잠을 자는 등 생물체는 누가 가르쳐주지 않아도 시간의 변화를 감지하고 그에 걸맞게 대응하며 살아갑니다. 그런데 대부분의 사람들은 신이 존재하여, 이 모든 자연의 질서를 잡아준다고 생각했으나, 프랑스의 천문학자인 드 마랑Jean Jacques de Mairan, 1678~1771은 좀 달랐습니다. 1729년, 그는 작고 빨간 꽃이 피는 칼랑코에Kalanchoë blossfeldiana를 키우고 있었습니다. 이 꽃은 보통 하루를 주기로 꽃잎을 열고 닫는데, 처음에는 그 영향이 빛이라고 생각했었습니다.

칼랑코에_ 1729년 프랑스의 천문학자 드 마랑은 칼랑코에라는 식물이 빛 한 점 들지 않는 곳에서도 하루(약23시간)를 주기로 꽃잎을 여닫는다는 것을 발견합니다. 생명체 안에 외부 자극에 관계없이 존재하는 주기가 있음을 발견한 것이죠.

그러나 칼랑코에를 빛 한 점도 들지 않는 깜깜한 곳에 옮겨놓아도 여전히 꽃은 23시간, 약 하루를 주기로 꽃잎을 여닫는다는 것을 발견했습니다. 이때부터 생명체 내에는 외부의 자극에 관계없이 존재하는 주기가 있다는 것이 알려졌으며, 사람들은 이를 내부시계internal clock 또는 생체

시계라고 부르기 시작했습니다.

이제 사람들은 과연 사람에게도 생체시계가 있을지, 만약 있다면 어떤 원리로, 어떤 주기를 가지고 존재할 것인지가 궁금해지기 시작했습니다. 가장 가능성이 높은 것이 24시간을 주기로 한 패턴이라고 생각했습니다. 여러분도 그런 경험 해보셨을 겁니다, 매일매일 일정한 등교 시간에 맞춰 일어나다보면 어느 순간엔가 자명종을 맞춰놓지 않더라도 그 시간이 되면 저절로 눈이 떠지는 경험을요. 이런 '수면－각성 패턴' 은 인간의 주기 중에 가장 짧고 명확하게 일어나는 것이어서 쉽게 실험이 가능했지요. 1994년 독일의 한 연구소에서는 14명의 자원자를 대상으로 빛이 전혀 들지 않는 어두운 방에서 생활하도록 하며, 그들의 수면－각성 패턴을 연구했습니다.

그러나 그 결과, 빛이 전혀 없는 곳이라고 해서 하루종일 잠만 자는 것이 아니라, 일정 시간이 되면 잠이 들고 다시 깨어나는 패턴이 반복됨을 관찰하여, 인간에게도 생체시계가 존재하리라는 것을 확실히 증명했습니다. 그러나 재미있게도 이들의 주기는 하루(24시간)에서 약간 벗어나 있었다는 점이 추가로 발견되었지요.

이후 맹인들을 대상으로 한 실험에서도 이런 현상이 관찰되었으며, 외부의 자극이 전혀 없는 경우 체내의 생체시계의 패턴은 약 24.5~25시간을 기준으로 돌아간다는 것을 학자들은 알아냈습니다. 그러나 이들이 빛이 있는 곳에서 생활하게 되면 다시 주기는 정확

야행성 올빼미군의 사정

우리는 흔히 일상생활의 패턴에 따라
아침형 인간과 저녁형 인간을 구분합니다.
그러나 사람마다 각기 다른 스타일이 있기 때문에 무조건 한 패턴이 좋다고
자신의 습관과 맞지 않게 맞춰보려는 것은 건강에 무리를 가져올 수도 있답니다.

히 24시간을 기준으로 돌아가게 됩니다. 따라서 빛을 감지하여 생체를 자연의 패턴에 걸맞도록 24시간으로 맞춰주는 생체시계가 존재할 것이라는 예측을 할 수 있게 되었답니다.

빛으로 움직이는 생체시계

생체시계의 조절에서 빛이 가장 중요하다면, 그 다음에 연구해야 할 곳은 어디일까요? 바로 눈입니다. 빛을 감지하고 사물을 볼 수 있는 곳이 눈이니까요. 눈에서 나오는 신경을 따라서 뇌 쪽으로 올라가다 보면, 시상하부 쪽에 양쪽 눈에서 나오는 신경이 교차되는 부분이 있습니다. 이 부위를 시상하부교차핵Suprachiasmatic nucleus, SCN이라고 하는데 이 부위가 바로 우리 몸의 생체시계를 조절하는 부위랍니다.

SCN은 0.3mm 정도의 아주 작은 부위로 시신경과 8천~1만여 개의 세포가 존재합니다. 우리가 아침에 잠에서 깨어 눈을 뜨면, 우리 몸은 마치 컴퓨터를 부팅시킬 때와 똑같은 정도의 연쇄적 각성 패턴이 일어나게 됩니다. 잠에서 깨어 눈을 뜨고, 눈으로 빛이 들어가 망막이 빛을 감지하여 이것이 전기화학적인 신호로 변해서 시신경을 타고 SCN으로 흘러갑니다. SCN에 존

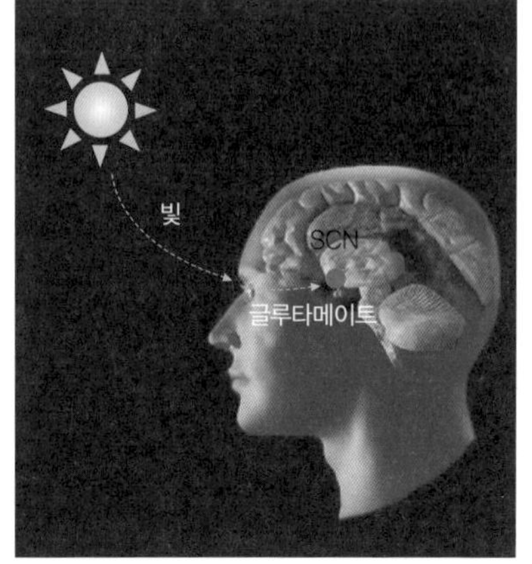

빛과 생체시계_ 빛이 눈에 감지되면 시신경은 이를 SCN으로 전달하여 우리 몸의 생체시계를 조절합니다.

인간에게도 생체시계가 존재합니다. 우리 몸의 가장 큰 생체시계의 작동기제는 빛이라고 할 수 있답니다.

재하는 감지세포들은 이를 인식하여 뇌의 송과선松果線이라는 부위에 영향을 미쳐 여기서 분비되는 대표적인 수면 호르몬인 멜라토닌melatonin을 이용하여 생체시계를 조절하게 되는 것이죠. SCN은 빛에 의해서 부팅되기 때문에 같은 6시에 일어나더라도 이미 해가 떠 있는 여름에는 비교적 일어나기 쉽지만, 아직 밖이 어두운 겨울에는 쉽게 눈이 떠지지 않는 경향이 있습니다. 반대로 잠을 잘 때 불을 켜놓고 자게 되면 SCN과 멜라토닌 분비에 영향을 미쳐 수면의 질이 떨어지게 됩니다. 따라서 숙면을 취하고 싶다면 멜라토닌이 많이 분비되는 밤 10시에서 새벽 2시 사이에 잠을 청하고, 주변은 어둡게 하는 것이 좋습니다. 또한 아침에 일찍 일어나고 싶다면, 자명종과 함께 전등의 타임스위치를 맞추어 빛을 흠뻑 쪼이는 것이 조금 더 쉽게 잠자리를 떨치는 비법이랍니다.

만약 이런저런 이유로 멜라토닌의 분비 주기가 흔들리면 사람들은 수면 장애로 고통 받게 된답니다. 대표적인 경우가 장거리 여행으로 인한 시차時差입니다. 미국 뉴욕과 우리나라는 14시간의 시차가 납니다. 따라서 우리나라의 오후 3시는 뉴욕에서는 새벽 1시를 의미합니다. 이런 이유로 양쪽을 급격하게 오가는 사람들은 생체시계가 환경의 변화에 적응할 시간이 부족해 낮에는 졸리고 밤에는 잠이 오지 않는 시차 부적응 현상에 시달리게 되는 것이죠. 그런데 멜라토닌 등의 수면 호르몬을 분비하도록 유도하는 스위치는 눈의 시신경교차상부핵에도 있지만, 무릎 뒤쪽popliteal region의 피부에도 존재합니다. 따라서 잠든 사람의 무릎 뒤쪽에 강한 빛을 비추면 잠에서 깨어나며, 시차로 인해 생체 주기가 흔들린 경우 무릎 뒤쪽을 빛에 노출시키는 광치료light therapy가 주기를 되돌리는 데 효과적이라는 보고가 있답니다. 왜 하필 무릎 뒤쪽에 그런 센서가 존재하는지는 아무도 모르지만요.

시간생물학

인간의 체내에는 SCN과 멜라토닌 이외에도 외부의 변화를 감지하여 주기를 유지시키는 생체시계가 더 존재한다고 알려져 있습니다. 이에 힘입어 탄생한 것이 시간생물학chronobiology으로 생체의 주기를 이용한 연구 결과를 일상에 적용할 수 있도록 연구하는 분야입니다. 시간생물학은 생체의 주기를 밝히는 학문적인 목적뿐 아니라 실생활에서도 매우 유용하게 쓰일 수 있는 분야로, 특히나 군수산업에서 이 원리를 많이 적용하고 있습니다.

총탄이 빗발치고 언제 어디서 적군이 쳐들어올지 모르는 긴급한 상황에서 가장 위험한 적은 바로 끊임없이 눈꺼풀을 짓누르는 졸음입니다. 만약 군인들의 수면 주기를 마음대로 바꿀 수 있어서 한가하고 안전할 때 푹 자두고, 긴급한 상황에서는 졸음이 오는 주기를 연장할 수 있다면 보초병이 잠시 조는 틈을 타서 적이 침투해오는 것을 걱정하지 않아도 될 테니까요. 이미 이 분야는 실제로 적용이 되어서 미국 인라이턴드 테크놀로지 어소시에이트사(ETA)에서 '삼내비Somnavue' 라는 일광안경을 개발했습니다. 생체시계의 원리에 의한 시간생물학이 첨단과학제품을 통해 실생활에 접목되고 있는 것이죠.

삼내비의 원리를 좀더 살펴볼까요. 앞서도 얘기했지만 원래 생물체의 체내에는 24시간을 기준으로 하는 일종의 생체시계라는 것이 존재해 일정 시간을 주기로 수면과 각성을 하도록 돼 있습니다. 이 과정은 우리 눈의 신경이 모이는 시상하부교차핵 부위의 세포가 빛을 인식하여 수면과 각성을 조절하는 호르몬인 멜라토닌의 분비에 영향을 미쳐 일어나게 되는데 언뜻 보면 특이한 안경처럼 생긴 삼내비는 바로 이 과정에 작용하게 됩니다.

일광안경 삼내비_ 삼내비는 특정색깔의 빛을 이용해 인위적으로 사람의 생체주기를 변경하는 것인데요. 미국 제조사에서 착용실험을 거치고 있답니다.

삼내비에 연결된 전원장치에서 생성된 빛은 광전자 케이블을 타고 안경렌즈의 유리섬유다발로 이동한 뒤 다시 눈의 특정 부위에 전달됩니다. 이렇게 전달된 빛은 시상하부교차핵의 세포를 새롭게 각성시켜 생체시계를 0으로 세팅하게 됩니다. 즉, 하루 중 어떤 때라도 일정 시간 동안 삼내비를 착용하면 그

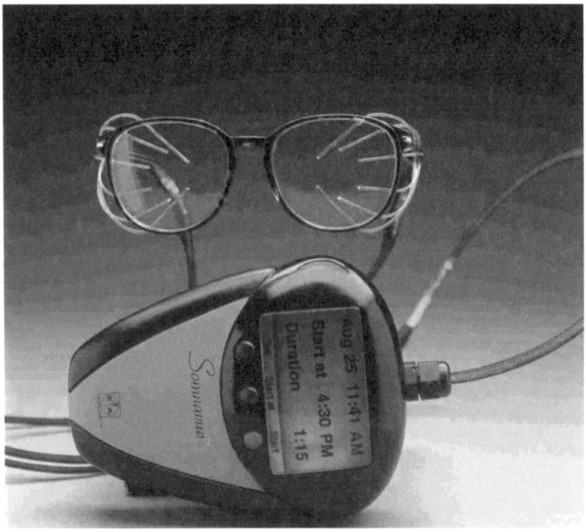

때부터 생체시계가 새롭게 시작되어 아침에 잠에서 깰 때의 상태로 되돌아가는 것입니다. 24시간 주기의 생체시계를 과학의 힘으로 조절하는 것이죠. 그런데 이 방법은 조금 비인간적으로 느껴지기도 합니다. 사람이 피곤하면 잠을 자는 것이 순리인데 이를 거스르려 하니까요.

또한 이 분야는 각종 질환을 치료하는 데도 쓰일 수 있답니다. 이런 방법을 '시간요법chronotherapy' 이라고 하는데, 개인의 생체리듬을 이용하면 약물의 부작용은 줄이고 치료에 더 많은 도움을 줄 수 있기 때문입니다.

실제로 특정 질환은 24시간 주기의 패턴을 보이기에 약 복용 시간을 얼마나 잘 맞추느냐에 따라 약효에 대한 차이가 많이 난답니다. 예컨대 천식은 주로 밤에 발생하며 일반적으로 낮보다 증상이 더 심하게 나타납니다. 특히 겨울이 되어 날이 건조해지면 새벽녘에 기침을 하여 잠이 깨는 경우가 종종 있습니다. 따라서 천식 환자들은 저녁에 약을 복용하면 심야에 일어나는 심각한 천식발작을 줄일 수 있지요. 또한 위산은 야간에 더 많이 분비되기에 궤양 환자들은 저녁을 먹으면서 제산제를 먹어 한밤중에 일어날지도 모르는 속쓰림이나 위경련을 미리 예방하는 것이 좋고, 오전 11시쯤이 병원균에 대한 체내 방어력이 가장 약한 시간이므로 염증이 생겼을 때는 그때쯤 항생제를 먹는 것이 좋습니다.

아예 이런 주기를 이용한 약물들도 등장했는데, 대표적인 약물

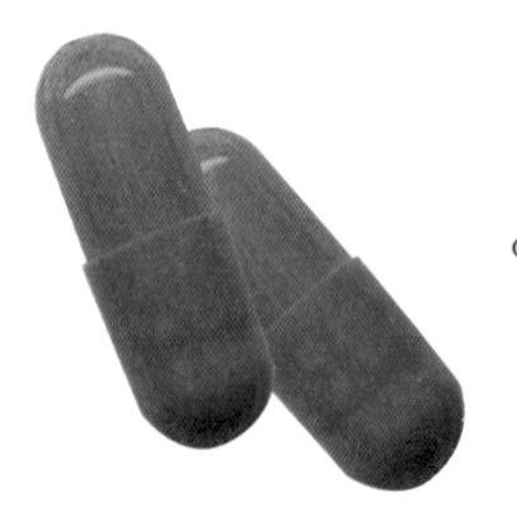

베를랜 PM_ 고혈압 치료제 베를랜은 주기를 이용한 대표적 약물입니다. 잠에서 깨어나는 이른 새벽 시간에 갑자기 혈압이 오르는 것을 대비해, 먹고 자면 다음날 6시쯤 코팅이 녹아 약효가 나타나도록 만들어졌습니다.

이 슈왈츠 제약의 고혈압 치료제 '베를랜Verelan PM' 입니다. 혈압은 잠에서 깨어나는 이른 새벽 시간에 갑자기 오르는 경우가 많아, 고혈압 환자들에게는 새벽이 특히 위험합니다. 베를랜은 특수 코팅이 되어 있어 전날 자기 전에 먹고 자면, 다음날 아침 6시쯤 되면 코팅이 녹아서 약효를 나타내도록 고안되어 있습니다.

바이오리듬 VS 생체시계

지금까지 바이오리듬과 생체시계에 대해서 살펴보았습니다. 둘 다 생명체가 가지고 있는 주기를 말하고 있지만, 바이오리듬은 비과학적 추론이고 생체시계는 과학적인 사실입니다. 바이오리듬과 생체시계가 비과학과 과학의 경계에서 나뉘는 원인은 여러 가지 이유가 있을 수 있겠지만, 특히 바이오리듬이 미래의 어느 날을 '예측' 하고 있다는 것에 기인합니다. 바이오리듬은 생체의 주기를 고조기, 저조기, 위험기 등으로 구분하여 앞으로 올 어떤 날들을 예언하고 있습니다. 이것이 바이오리듬을 오늘의 운세 정도의 심심풀이거리로 전락시키는 가장 큰 이유가 되는 것이죠. 반면에 생체리듬은 충분한 근거와 과학적 논리성의 토대 위에 구축되었고, 그와 관련된 유전자들을 찾아내는 데도 성공하여 과학적 이론으로 받아들여지고 있습니다.

과학은 예언이 아닙니다. 누구도 미래를 예측해서 내일을 말할 수가 없습니다. 슈퍼컴퓨터가 계산한 내일의 날씨도 틀리는 경우가 자주 있을 정도니까요. 생체시계는 주기를 예측하여 미래에 어떤 날 어떤 상태가 되어 있을 것이라고 말해주지 않습니다. 단지 주기가 있다는 것을 관찰하고 인식하고 주기의 원인을 밝히며, 주기를 조절할 수 있는 방법과 그 주기를 이용할 수 있는 방법을 제시할 뿐입니다. 과학과 비과학의 경계는 아주 작은 부분에서 시작되지만 그 결과는 엄청나게 달라진다는 것을 잊지 마시길 바랍니다.

생체시계의 조절장치를 찾아라

최근 들어서는 생체시계를 조절하는 유전자에 대한 연구가 진행되어 유전자 수준에서의 생체시계를 규명하고자 하는 노력이 많이 시도되고 있습니다. 생물학적 시계의 내부적 작동은 초파리에서 처음 밝혀졌는데, 피리어드^Period^나 타임리스^Timeless^ 같은 이름을 가진 초파리의 시계유전자들은 번데기에서 성충 파리가 나타나는 시기를 조절하거나 다른 시간대에서 각기 다른 활성을 나타내게 하는 기능을 한다고 합니다.

1998년 노스웨스턴대학교 조셉 타카하시 박사팀은 포유동물인 생쥐의 시계유전자를 확인해 생체시계 조절 메커니즘을 규명했지만, 아직도 포유류의 시계유전자는 완전히 밝혀지지 않았습니다. 국내에서는 한국과학기술연구원(KAIST) 신희섭 박사팀의 연구로 “쥐의 뇌에 있는 PLCβ4 효소가 신체의 다른 세포에 시간을 알려준다”는 사실이 밝혀졌습니다. 이 내용은 2003년 영국의 저명한 학술지 『네이처 뉴로사이언스』에 발표돼 화제가 되기도 했습니다.

신 박사는 PLCβ4가 시상하부에서 생체시계 단백질의 양을 조절하는 작용을 해 생명체의 내부시간을 알려준다고 주장합니다. 그 예로 PLCβ4를 고장낸 실험용 생쥐는 밤과 낮을 구분하지 못하는 것을 증거로 제시했습니다. 생쥐는 원래 야행성 동물이어서 밤이 되어야 활발하게 활동하는데, PLCβ4가 고장나면, 이를 제대로 구분하지 못합니다. 그러나 아직까지 PLCβ4가 생체시계 단백질을 어떻게, 왜 조절하는지에 대한 메커니즘은 밝혀지지 않았답니다. 그런데 2005년 10월, 드디어 그 실마리가 밝혀졌습니다. KAIST 김재섭 박사팀과 바이오벤처 제넥셀은 형질전환된 초파리를 이용한 실험을 통해 생체시계의 비밀에 한 발짝 깊숙이 다가갔습니다. 연구팀은 초파리의 생체시계를 관장하는 유전자를 찾아내 여기에 '한(HAN)'이라는 이름을 붙여주고, 이 HAN에서 만들어지는 단백질인 피디에프[PDF]의 양에 따라서 생체시계가 맞춰지고 있음을 밝혔던 것입니다. 이번 연구는 유명 신경과학잡지 『뉴런 *Neuron*』의 2005년 10월 20일자에 게재되었고, 앞으로 인간의 유전자에서도 이와 같은 역할을 하는 유전자를 찾아낸다면, 불면증이나 시차 조절로 힘들어하는 사람들에게 많은 도움을 줄 수 있을 것으로 기대됩니다.

collagen&
moisturiser

10 병으로 병을 치료한다

_백신의 발명

우리 몸에는 면역계라는 시스템이 존재하여 외부의 해로운 물질에 대항하여 신체를 지키는 자동 방어 기능을 하고 있습니다. 예방주사는 생체가 가지고 있는 이런 자연 치유 시스템을 교묘하게 이용해서 병을 예방할 수 있게 만드는 것입니다.

홈쇼핑 광고 뒤집어 보기

요즘 홈쇼핑을 보면 심심찮게 '콜라겐 화장품' 들을 선전하곤 합니다. 쇼핑호스트들은 호들갑스럽고 현란한 말솜씨를 내세워 우리 피부의 조직은 콜라겐이라는 결합조직이 풍부한데, 나이가 들면 이 콜라겐의 숫자가 떨어지고 결합 능력이 약해져 주름이 생기니 콜라겐을 먹거나 피부에 바르면 주름 없는 탱탱한 피부를 유지할 수 있다고 유혹합니다.

콜라겐 화장품_ 콜라겐은 섬유성 단백질로 피부, 뼈, 힘줄에 많은 단백질입니다. 과학자들이 콜라겐 단백질 모방체를 만들어 인공 피부와 인공 혈관을 만들겠다는 연구가 진행되면서 피부재생을 선전하는 화장품도 인기랍니다.

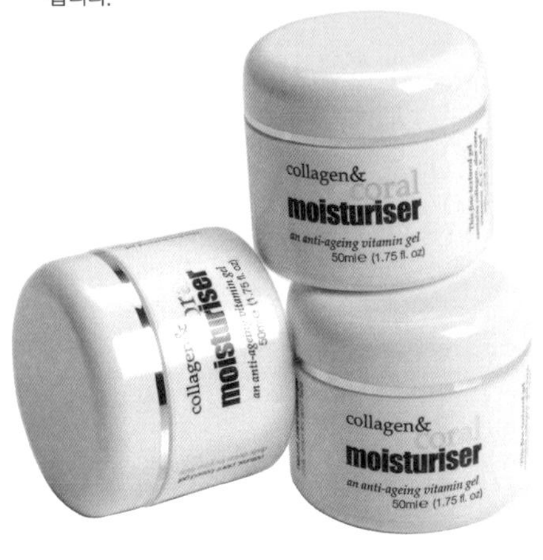

얼핏 들으니 그럴 듯합니다. 게다가 이들은 나름대로 피부를 구성하는 주요 성분들의 비율뿐 아니라, 젊은 피부와 나이든 피부의 조직학 사진까지 비춰주며 나름대로 과학적인

증거가 있음을 주장하니 혹할 수밖에 없습니다.

그런데 과연 이 말이 옳을까요? 결론부터 말하자면 효과는 미지수입니다.

2004년 4월, 대한의사협회는 "'콜라겐을 먹거나 바르면 피부개선 효과가 있다'는 내용의 광고는 사실과 다르다"며 주의를 촉구한 바 있습니다. 대한의사협회 관계자는 "나이가 들수록 피부층의 콜라겐이 감소해 주름살이 생기는 것은 사실이지만 콜라겐을 먹거나 바른다고 피부가 개선되는 것은 아니다"고 밝혀서 현재 팔리는 콜라겐 제품들의 효능이 과대 광고되고 있음을 시사했습니다. 식품의약품안전청 역시 대한의사협회의 의견을 지지하고 나섰고요.

인간의 주름_ 주름은 생리적인 피부의 노화현상이죠. 일반적으로 남성의 주름살은 여성의 주름살보다 깊고 크다고 하는데요. 운동 등으로 심하게 사용한 근육일수록 주름살이 잘 생기므로 얼굴 표정의 움직임에서 많은 주름이 생기기 쉽다고 합니다.

실제로 콜라겐은 우리 인간뿐 아니라, 동물들에게 가장 많이 존재하는 단백질로 성질이 단단하고 질겨서 피부뿐 아니라 힘줄이나 인대를 형성하는 중요한 단백질입니다. 물론 피부에서 콜라겐 성분이 부족해지면 탄력을 잃고 처지거나 주름이 생기는 것은 사실입니다.

그런데 문제는 콜라겐을 외부에서 넣어주는 것이, 특히나 주름이 생긴 피부에만 넣어주는 것이 쉽지가 않다는 것입니다. 콜라겐은 단백질 성분이기 때문에 이를 먹으면 소화되어 아미노산으로 분해되어 온 몸 구석구석으로 보내집니다. 특별히 피부 쪽으로만 콜라겐이 더 많이 전달되리라는 보장이 없다는 것이죠. 이런 무작위적인 효과를 노린다면 담백한 살코기를 먹어주는 것과 별다른 차이가 없습니다.

이런 이유로 등장한 또 다른 콜라겐 요법은 피부에 직접 콜라겐을 발라주는 것입니다. 먹는 것이 피부로만 콜라겐을 유도하지 못한다면 필요한 부위에 직접 발라주는 것이 더 효과적일 것이라는 생각이 드니까요. 그런데 주름살은 피부 겉의 표피에서가 아니라, 표피 아래 존재하는 진피에서 생겨나기 때문에, 표피를 통과해 진피까지 콜라겐을 전달해줘야만 합니다. 그러나 우리 피부는 그리 만만한 게 아닙니다.

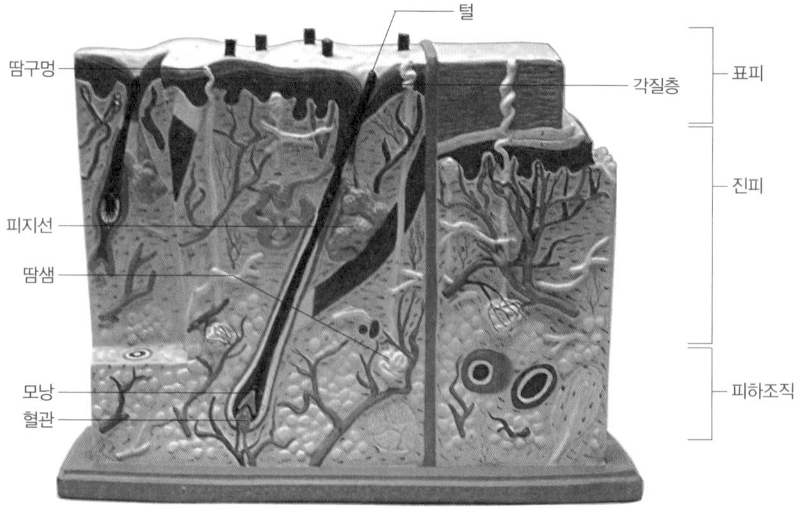

사람의 피부조직_ 사람의 피부조직은 표피, 진피, 피하조직 세 층으로 되어 있습니다. 피부에는 털이 나 있으며 피지선과 땀샘 두 가지 샘이 있습니다.

우리의 피부는 우리 몸을 외부의 각종 유해물질에서 지켜주는 역할을 합니다. 이런 피부의 보호 기능을 피부 장벽Skin barrier이라고 하는데, 우리가 수많은 미생물들에 둘러싸여 있으면서도 세균성 질환에 잘 걸리지 않는 이유도 이런 피부 장벽이 튼튼히 버텨주기 때문입니다. 전신에 화상을 입은 환자가 생명을 잃는 가장 큰 이유가 바로 화상으로 인한 피부 장벽 손실로 세균에 노출되어 전신에 감염을 일으키기 때문이듯이 이 피부 장벽은 매우 중요하고도 든든한 장벽입니다.

이렇듯 외부의 미생물과 해로운 물질의 침입을 막기 위해 우리 피부는 매우 빽빽한 벽돌구조로 튼튼하게 구성되어 있어서 외부에서 물질을 투과시키는 것이 여간 힘든 게 아닙니다. 따라서 바르는 화장품에 콜라겐이 아무리 다량 함유되어 있다고 하더라도, 단백질인 콜라겐은 크기가 너무 커서 피부 장벽을 뚫고 진피까지 들어가는 것은 무리입니다. 마치 32사이즈의 허리를 가진 사람이 24사이즈의 청바지 속으로 자기 몸을 밀어 넣는 것과 같아서 제대로 들어가기가 힘듭니다.

이러니 한 가지가 부족하다고 그것을 보충해주는 것이 반드시 옳은 것은 아닙니다. 때로는 모자라는 것에 반대되는 것을 넣어주는 것이 오히려 극적인 증폭효과를 일으킬 수 있습니다. 다음에서 이야기할 백신이 바로 이런 원리를 응용한 것이랍니다.

'병으로 병을 치료한다' – 예방주사

"제너 선생님 미친 거 아냐? 소 우두종에서 뽑아낸 고름을 아이들의 팔에 접종한다니?"

"그러게. 어떻게 소의 고름을 사람한테 넣어? 그러다가 아이들 머리에 뿔이라도 나고, 손에 발굽이라도 돋으면 어떻게 하려고? 혹시 악마가 씐 것이 아닐까?"

천연두 백신의 발명자로 유명한 제너Edward Jenner, 1749~1823가 1796년 처음으로 우두접종을 실시했을 때 사람들은 소의 고름을 접종받은 아이들이 소처럼 변하지 않을까 겁을 먹었습니다. 이는 1879년 지석영 선생이 우리나라에 처음으로 종두법을 도입했을 때도 마찬가지였습니다. 이 터무니없는 오해는 얼마 안 가 우두를 맞은 아이들 중 누구도 천연두에 걸리지 않음으로써 사라졌지만, 이 선구자들은 꽤나 오랫동안 자신의 아이들이 소가 되는 것을 막기 위해 우두를 접종시키지 않으려는 부모들과 실랑이를 벌여야 했습니다.

제너_ 에드워드 제너는 영국의 의학자로 우두접종법의 발견자입니다. 13세부터 의학을 공부해 병원에 근무하며 환자를 치료하는 한편, 자연계의 동물에 대하여 실험과 관찰을 계속하였습니다.

그런데 재미있는 것은 이미 오래전부터 사람들은 전염병이 돌 때, 병에 옮을 걱정 없이 환자들을 치료할 수 있는 사람은 이미 그 병을 예전에 앓

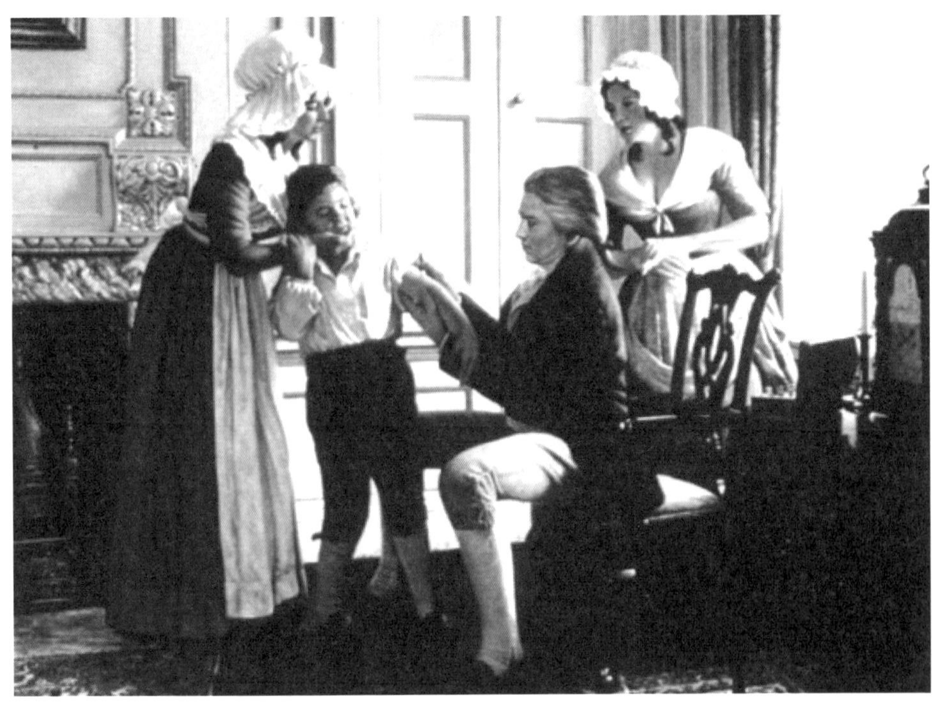

앓았다가 회복된 사람이라는 것을 알고 있었다는 것입니다. 어렴풋이 '면역'에 대한 개념을 깨닫고 있었던 것이죠. 실제로 제너가 천연두 예방백신인 우두를 만들어내기 전부터도 사람들은 천연두에 한 번 걸렸다 나은 사람은 아무리 환자들과 같이 있어도 절대로 천연두에 걸리지 않는다는 것을 알고 있었습니다. 그래서 중국에서는 일부러 천연두 환자의 고름을 묽게 희석시켜 코 안쪽에 발라서 묽게 천연두를 앓게 하는 인두 요법을 오래전부터 사용하고 있었지요. 그러나 이 방법은 운이 나쁘면 진짜로 천연두를 심하게 앓을 수 있기 때문에 상당히 위험한 방법이었습니다. 그에 비해 우두는 안

제너의 예방접종_ 제너는 1796년에 한 낙농부에게서 채취한 우두농牛痘膿을 여덟 살 난 한 소년의 팔에 접종하였습니다. 그로부터 6주 후에 천연두농天然痘膿을 그 소년에게 접종하였으나, 그 소년은 천연두에 걸리지 않아, 우두의 천연두 예방효과를 입증했지요.

전하고 면역력도 확실한 방법이었지만, 단지 그 재료가 '소'에게서 얻어진 것이기에 사람들이 꺼려했던 것입니다. 이는 인체 면역 시스템의 메커니즘에 대해서 제대로 파악하지 못했기 때문에 벌어진 에피소드였지요.

실제로 우리가 면역력과 감염의 상관관계에 대해서 알지 못할 때에는 큰 병이 드는 것은 나쁜 귀신이 붙었기 때문이며, 그 귀신을 떼어내기 위해서 굿을 하고 귀신이 좋아하는 것을 바쳐야 병이 나을 수 있다고 믿었던 적이 있습니다. 그래서 주로 아이들에게 치명적인 천연두는 동자 귀신이라고 믿어서 천연두를 앓는 아이들의 집에는 사탕 같은 단 것들을 걸어두었고(아이들은 단 것을 좋아하니 천연두 귀신이 단 것을 먹는 데 정신이 팔려 아이들에게 해코지를 못하도록), 천연두가 아니라 '마마님'이라는 극존칭을 써서 귀신이 노하지 않도록 조심하곤 했지요.

그러나 이런 대처는 원인과 결과의 조합이 잘못된 대처법이었기 때문에 이 방법으로는 천연두에 걸리지 않게도, 병을 낫게도 할 수 없었지요. 이제 우리는 천연두는 천연두 바이러스가 일으키는 전염성 질환이며, 우두접종은 우리 몸의 면역계를 활성화시켜 천연두에 대항하는 항체를 만들기 때문에 천연두에 대해 저항 능력이 생긴다는 것을 알고 있습니다.

예방의학이란 무엇인가

그렇다면 여기서는 어떻게 해서 백신에 대해서 '제대로' 파악하게 되었고, 병의 원인과 결과의 관계를 알아내어 병에 걸리지 않는 방법을 알게 되었는지를 알아보도록 하지요.

여러분 모두 예방접종 받아보셨지요? 예방접종은 크게 주사액의 형태와 먹는 약의 두 종류가 있는데, 대부분 주사제라서 예방접종을 생각하면 사람들은 가장 먼저 예방주사를 떠올립니다.

예방접종에 사용되는 물질을 백신vaccine이라고 하는데, 어떤 감염에 대하여 인공적으로 면역을 얻기 위하여 항원에 적당한 조작을 가해서 체내의 자연 면역 체제를 발동시키는 작용을 합니다. 현재는 독감, 소아마비, 장티푸스, B형 간염, 수두, 풍진, 홍역, 결핵, 천연두 등 많은 질병에 대한 백신이 나와 있으며, 그 중에서 천연두는 1796년 영국의 의사 에드워드 제너가 우두백신을 만들어낸 이후

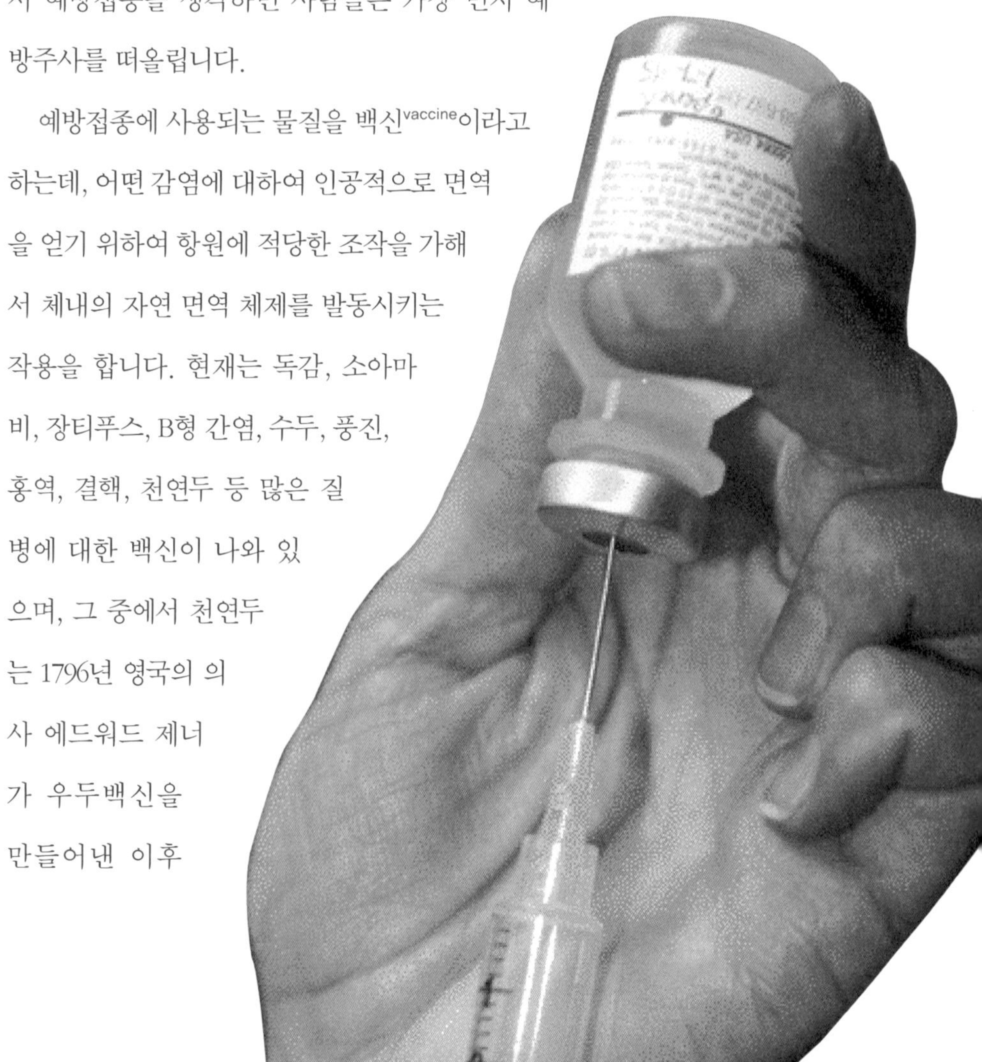

200년이 지난 지금, 전 세계에서 완전히 사라졌습니다.

1980년 세계보건기구WHO는 천연두가 지구상에서 사라졌다는 발표를 했습니다. 이로써 태양왕 루이 14세를 초라한 시체로 만들고, 수없이 많은 사람의 목숨을 앗아가거나 얼굴에 보기 싫은 곰보 자국을 남겼던 천연두는 세상에서 사라졌고, 이후로 한 번도 발병 보고가 없습니다. 천연두의 멸종은 예방의학이 이뤄낸 최초이자 최고의 쾌거로 알려졌습니다. 아마도 여러분의 부모님 세대만 하더라도 팔뚝이나 어깨 부위에서 서너 개의 얽은 자국을 볼 수 있을 것입니다. 그 자국이 바로 천연두 예방백신인 우두를 접종한 자국인데, 1980년 이후 태어난 사람들에게는 이 자국이 없습니다. 1980년에 공식적으로 천연두가 사라졌다고 발표되었기 때문에, 이후에 태어난 아이들에게는 우두접종을 하지 않았거든요.

우리 몸에는 면역계라는 시스템이 존재하여 외부의 해로운 물질에 대항하여 신체를 지키는 자동 방어 기능을 하고 있습니다. 면역계에는 다양한 종류의 면역세포들이 존재하는데, 이들이 하는 일을 크게 두 가지로 나누어보면 항체antibody를 만들어서 외부침입물질(항원antigen)을 감싸서 이를 무력화시키는 기능과 외부침입물질을 먹어치우거나 대항해서 죽이는 직접적인 살상 기능으로 나눌 수 있습니다. 예방주사는 전자의 기능을 활용한 대표적이고 성공적인 예입니다.

살다보면 외부에서 들어오는 물질의 수는 헤아릴 수 없이 많을

뿐 아니라, 때로는 매우 해로운 물질들이 신체를 침입할 수도 있습니다. 따라서 우리 몸은 외부에서 유입되는 모든 물질에 대해서 그에 대항하는 항체를 만들어낼 수 있도록 진화되어왔습니다. 항원(외부물질)이 체내에 들어오면 면역세포들이 파악하여, 이 항원의 특이한 모양을 인식하고, 그것만을 식별하여 선택적으로 달라붙을 수 있는 항체를 생성하게 되는데 이것이 바로 면역 과정이랍니다. 일단 이 과정만 성공적으로 진행된다면 그 다음에는 아무런 문제가 없습니다. 한번 생긴 항체는 원인이 되었던 항원이 모두 제거된 이후에도, 기억 세포memory cell에 그 정보가 저장되기 때문이죠. 이렇게 면역세포가 기억한 항원은 다음에 다시 침입하더라도 지난번에 만들어두었던 기억세포의 정보를 끄집어내어 단숨에 폭발적으로 항체를 만들어 저항하기 때문에 같은 병에 걸리지 않게 됩니다.

예방주사는 생체가 가지고 있는 이런 자연 치유 시스템을 교묘하게 이용해서 병을 예방할 수 있게 만드는 것입니다. 즉, 인간의 체내에 그 자체로 병을 일으킬 수는 없으나 항체를 생성시킬 수 있는 것들을 일부러 주사하는 것이죠. 초기 백신을 개발했던 제너나 세균학의 아버지인 파스퇴르가 사용한 방식은 병원균을 일부러 허약하게 만들어 주사하는 약독생균백신 방식이었습니다. 약독생균백신이란 인체에 해가 없을 정도로 독성은 약해져 있으나, 면역을 만들기 위한 항원성은 보유하고 있는 상태의 살아 있는 균이나 바이러스로 만든 백신을 말합니다. 파스퇴르는 닭 콜레라를 연구하던 중 약독생균백신의 효력에 대해 알게 되었습니다. 요즘 유행하는 조류독감처럼 당시 닭 콜레라는 프랑스 양계장 주인들에게 최고의 골칫거리였습니다. 일단 퍼지기 시작하면 손쓸 도리 없이 닭들이 떼죽음을 당했으니까요. 파스퇴르는 닭 콜레라균을 묽은 수프에 섞어 닭에게 먹여서 닭 콜레라에 걸리게 하여 실험에 사용했는데, 어느 날 실수로 만들어놓은 지 오래된 수프를 닭에게 먹이게 되었습니다. 이 닭은 다음 날, 약하게 닭 콜레라 증상을 보이긴 했으나, 며칠 후 완쾌되었고 이후에는 아무리 강한 닭 콜레라 균을 먹어도 병에 걸리지 않는 '슈퍼' 닭이 되었지요. 여기서 착안한 파스퇴르는 심각한 병을 일으키지 못할 정도로 아주 약해진 균을 미리 체내에 주입하면 이후 이 병에 대한 면역력을 가지게 된다는 사실을 알아차려 현대 예방의학사에 큰 길을 열었지요. 대표적으로 결핵의 BCG백신, 천연두의 우두백신, 황열黃熱백신, 소아마비의 폴리오 생백신, 홍역의 L백신 등이 이런 약독생균백신입니다. 즉, 약독생균백신 방법은 병원체를 건강한 사람이면 병에 걸리지 않을 정도로 약화시켜서 사용하는 것으로 적은 양으로도 확실한 면역력을 얻을 수는 있지만, 양이 조금 많이 사용된다든가, 예방접종을 받는 이가 어떤 이유로 면역력이 저하되어 있다든가 하는 경우에는 이로 인해서 병에 걸릴 수도 있는 위험을 완전히 배제할 수는 없었죠.

그래서 요즘에 많이 사용되는 방식은 간접 백신으로 병원균을 죽여서 껍데기만 집어넣는 사균백신이나, 병원균이 만들어내는 독소 물질만을 정제해서 넣는 톡소이드백신, 항체가 병원균을 인식하는 특정 부위를 인공적으로 만들어서 넣는 유전자재조합백신을 사용합니다. 그러나 아무리 간접 백신이라도 접종자가 열이 나거나 몸 상태가 좋지 않으면 백신은 오히려 해로울 수도 있습니다. 가끔씩 일어나는 예방주사 사고 역시 이런 것이 원인이 되어 일어나기도 합니다.

좀더 자세히 살펴볼까요. 톡소이드의 경우 병원성 미생물 자체가 아니라, 이 미생물들이 만들어낸 화학물질이나 분해산물, 즉 독소에 여러 가지 조작을 가하여, 면역 반응을 일으키는 항원성은 그대로 두고 독성을 없앤 것을 말합니다. 예컨대, 디프테리아균의 배양액을 필터로 여과해서 디프테리아균은 걸러내고 디프테리아의 독소만 추출한 뒤, 여기에 포르말린을 가하여 독성은 없애고, 동시에 면역을 만드는 항원성을 보유시킨 것이 디프테리아톡소이드입니다. 이 방법은 디프테리아, 파상풍 백신을 만들 때 주로 사용합니다.

유전자재조합백신은 최근에 많이 사용되는 방법으로 병을 일으키는 미생물의 유전자를 분석해 체내 면역계가 인식하는 항원 부

고대의 천연두 예방법

고대에는 병에 걸리는 것을 귀신의 장난이라고 생각하며 천연두를 예방하기 위해 '마마님'이 좋아하는 사탕이나 인형 등을 벽에 걸어두는 풍습이 있었답니다.

위만을 분리해내어 병원성이 없는 미생물에 유전자를 재조합시켜 만들어낸 백신입니다. 이 방법은 균을 직접적으로 사용하는 백신에 비해 매우 안전하고, 대량 생산이 가능한 장점이 있습니다. B형 간염 예방백신이 유전자재조합백신의 대표적인 예랍니다.

이런 간접 백신들은 직접 백신보다는 많은 양을 사용해야 하고 면역체계를 인식시키는 기능이 약해서 여러 번 맞아야 하는 번거로움이 있긴 하지만(그래서 B형 간염백신은 초기에 3회를 접종해야 하고, 5년 뒤 1회 추가 접종이 필요합니다. 이래야만 완벽한 면역력을 얻을 수 있거든요.) 직접 백신보다 훨씬 안전하기 때문에 현재 예방접종에서는 간접 백신이 더 많이 사용된답니다.

과학적 사고의 시작 – 원인과 결과 밝히기

예방의학은 병이 나면 병의 원인을 밝혀 치료한다는 기존 치료의학의 시각에서 볼 때, 매우 획기적인 발상의 전환이었습니다. 이는 고대의 명의였던 화타가 세상에서 가장 훌륭한 명의는 병을 잘 고치는 의원이 아니라, 환자의 섭생을 주의깊게 살펴 평소에 병에 걸리지 않도록 조언하는 사람이라고 했던 것과 비슷합니다. 또한 그 방식은 적을 이용해 상대를 섬멸하는 작전이니 매우 기묘한 전술입니다.

얼핏 보면 적으로 적을 제압한다거나, 병을 막기 위해서 일부러 그 병원균을 몸에 넣어주는 것은 어불성설로 느껴질 수 있습니다. 그러나 과학이란 이렇게 모순되어 보이는 것 속에 숨은 연결고리를 명확히 파악하는 것에서 시작합니다. 사람이 병에 걸리는 것(결과)에는 반드시 원인이 있습니다. 그것이 세균이나 바이러스에 감염되는 것이든, 신체 조직에서 이상이 발견되는 것이든 말이죠. 결과에 대한 원인을 찾았고, 찾아낸 원인과 결과가 명확한 상관관계를 가지고 있다면 원인을 제거하는 것으로 결과를 바꿀 수 있다는 결론에 도달하게 됩니다. 따라서 세균성 질병을 앓고 있는 사람에게는 원인의 결과인 세균들을 죽일 수 있는 항생제 요법을 시도하고, 아직 병에 걸리지는 않았지만 위험성이 있는 사람들은 세균이 들어와도 대항할 수 있도록 체내 면역력을 증가시키는 백신을 맞는 것이 제대로 된 대응방법입니다.

이렇듯 어떤 사건을 일으키는 원인이 무엇인지 정확히 밝힌다면, 그에 대한 대처를 하기도 쉬워집니다. 세상을 살아가다보면 그럴듯한 거짓말로 포장된 사이비 과학과 진짜 과학을 구별하기에 어려움을 겪게 될 때가 있습니다. 이때 원인과 결과의 관계를 밝히는 작업은 이를 구별할 수 있는 중요한 잣대로 사용될 수 있다는 것을 기억해두세요. 내가 지금 기침이 나고 오들오들 떨리게 추운 것은 감기 바이러스에 감염되어 체온이 올라 체온 조절 중추가 혼돈을 일으켜서이지, 결코 악마나 귀신이 씌어서 그들의 차가운 기운이 전해지는 것이 아니라는 것이죠.

마지막으로 한 가지 더, 앞에서 다루었던 주름살 이야기 하나 더 하지요. 주름살이 생겨나고 피부가 탄력을 잃기 시작하는 것은 사람이 나이를 먹고 오랜 세월을 살아오면서 점차 세상의 스트레스로 인해 노화가 시작되기 때문입니다. 단순히 콜라겐만이 부족한 것이 아니라, 콜라겐을 만들어내는 유전자의 기능이 떨어졌고, 이를 만들어내는 효소들이 늙은 것입니다. 따라서 콜라겐을 주입하는 것으로 잠시 동안은 젊은 얼굴을 가질 수 있을지는 모르지만, 그 사람이 나이를 먹어간다는 것은, 앞으로도 주름은 계속 늘어나고 피부는 점점 더 탄력을 잃을 것이라는 점은 분명합니다. 팽팽하고 젊은 피부를 가꾸는 것이 나이보다 세상을 젊게 사는 것에 도움을 줄 수 있다고 한다면 할 말이 없지만, 겉으로 드러나는 주름살을 감추는 데 급급해서 마음속에 주름살을 만드는 일은 없었으면 합니다.

과학이 선사하는 젊음이라는 선물

미[美]의 기준이 통일되고 젊음이 미를 대표하는 단어로 칭송되면서 사람들은 어떻게든 젊음을 유지하고자 합니다.

현재 알려진 바로는 젊어 보이기 위해서는 피부를 팽팽하고 탄력있게 유지하는 게 가장 좋다고 하는데요, 피부의 노화방지를 위해 뜨고 있는 아이템이 바로 '콜라겐'입니다. 더불어 콜라겐 자체를 바르거나 먹는 방법보다는 콜라겐을 합성하는 섬유아세포의 능력을 촉진시키는 물질이나 이미 만들어진 콜라겐의 파괴를 방지하는 물질을 사용하는 것이 더 효과적이라고 알려져 있는데요. 우리 몸이 가진 자체 재생 능력을 조금 업그레이드시킬 수 있는 물

콜라겐을 주입하는 여성.

질을 사용하는 것이 더 좋다는 것이죠.

이런 물질 중에 가장 유명한 것이 레티놀(비타민 A)인데요, 원래 레티놀은 콜라겐 합성을 촉진시키고 각질의 턴오버 사이클을 정상화시키며 피지 분비를 억제하는 기능이 있어서 주름개선 화장품에 많이 사용됩니다. 그러나 이것도 주름이 눈으로 드러나기 전부터 매일매일 꾸준히 사용해야 효과가 있는 것이지, 주름이 깊게 패인 후에는 별로 효과가 없습니다. 그때는 이미 피부 재생 능력이 너무 떨어져 있어서 효과가 없는 것이죠.

좀더 확실하게 주름을 제거하고자 한다면 아무래도 외과적 수술의 도움을 받는 것이 가장 빠릅니다. 주름이 생긴 부위의 피부를 절개하여 팽팽하게 잡아당긴 후에 여분의 피부를 제거하는 고전적인 수술법 이외에도 요즘은 보톡스 주사나 레스틸렌 주입법 등의 간편하고 손쉬운 주름 제거술이 나와 있습니다.

그런데 여러분, 여러분은 과학의 힘을 빌려 젊음을 유지하고 싶으세요? 아니면 자연스럽게 늙어가는 것이 곧 아름다움이라고 생각하세요? 선택의 폭이 넓은 만큼 어떤 것을 선택할 것인가 하는 '생각의 몫'이 커지고 있네요.

참고문헌

* 이 책에 나오는 용어의 사전적 정의는 주로 인터넷 사이트 '야후(http://kr.yahoo.com)' 와 '네이버(www.naver.com)'의 백과사전을 참조했습니다.

_참고한 사이트

1. 인간의 마음은 뇌에 존재하는가, 심장에 존재하는가?

야콥증후군 http://www.aaa.dk/TURNER/ENGELSK/XYY.HTM

워싱턴대학 병리학과 www.pathology.washington.edu

피니어스 게이지 홈페이지 http://www.deakin.edu.au/hbs/GAGEPAGE/index.htm

합리주의자의 도-골상학 http://www.rathinker.co.kr

2. 아인슈타인은 정말로 특별한 뇌를 가졌나?

Neuroscience for kids http://faculty.washington.edu/chudler/ein.html

뇌과학연구센터 http://bsrc.kaist.ac.kr

무비스트-굿 윌 헌팅 http://www.movist.com/movies/movie.asp?mid=2956

신경질환 http://www.clinic-clinic.com/clncl-mdcne/Neurology/nrlgy.htm

아인슈타인 뇌에 대한 이야기

http://dasomns.com/~leedw/mywiki/moin.cgi/_be_c6_c0_ce_bd_b4_c5_b8_c0_ce_c0_c7_20_b3_fa_bf_a1_20_be_f4_c8_f9_20_c0_cc_be_df_b1_e2

3. 마음에서 마음으로 생각을 전달한다

뇌파 http://ko.wikipedia.org/wiki/%EB%87%8C%ED%8C%8C

뇌파 기반 휴먼 인터페이스 기술에 관한 연구

http://agent.itfind.or.kr/Data200302/IITA/02/IITA-0908/IITA-0908.htm

마인드스위치 www.newscientist.com

http://www.mindcontrolforums.com/news/mind-switch-disabled-control.htm

세로토닌 – 일라이릴리 제약회사 http://www.lilly.co.kr/disease/gloom_serotomin.asp

4. 보이지 않는 세계에 새로운 빛이 열리다

눈 http://web.edunet4u.net/~ourbody/6-d.htm

마코토 박사 논문

http://www.ingentaconnect.com/content/bsc/dgd/2003/00000045/F002

0005/art00007
서울대 안구운동연구실 http://eye.snu.ac.kr
A bionic visionary for the blind
http://www.smh.com.au/articles/2003/02/19/1045330662016.html
옵토바이오닉스 Optobionics, http://www.optobionics.com/
제너 카드 http://moebius.psy.ed.ac.uk/~paul/zener.html

5. 증거를 통해 사건을 해결하는 과학수사의 세계

국립과학수사연구소 http://www.nisi.go.kr
네이트 CSI 클럽 http://club.nate.com/clubcsi
미스터리극장 에지 http://eiji.xo.st/
법의학 자료실 http://user.chollian.net/~over1000/forensic/forensic.htm
제라드 크로와젯 http://en.wikipedia.org/wiki/Gerard_Croiset

6. 루머에 휩싸인 혈액형의 진실을 밝혀라

대한적십자사 http://www.redcross.or.kr/
수혈에 관하여(아산병원) http://www.amc.seoul.kr/~swkwon/main-TF-menu.html
영화 'B형 남자친구' www.bnamchin.co.kr

7. 금을 만드는 것보다 값진 연구

러더포드 원자모형(강원대 홈페이지)
http://www.kangwon.ac.kr/~sericc/sci_lab/physics/rutherford/rutherford.html
연금술 http://user.chollian.net/~cjychem/data/scidata/episode/ep01.htm

8. 하늘을 보며 별을 읽는 노천 실험실

점성술 http://ko.wikipedia.org/wiki/%EC%A0%90%EC%84%B1%EC%88%A0

천문학 http://astronote.org/

한국천문연구원 http://www.kao.re.kr/

9. 우리의 몸을 관장하는 생체시계의 실체는?

드 마랑과 칼랑코에 http://www.seds.org/

바이오리듬 http://www.unsekorea.com/bio/modujobio.asp

생체시계 http://www.life.uiuc.edu/clockworks/

약품정보 http://www.drugs.com/

10. 병으로 병을 치료한다

건강과 과학 http://hs.or.kr /

전문의료정보 메드시티 www.medcity.com

_이외 참고한 사이트

BBC뉴스 http://news.bbc.co.uk

Cell Alive(동영상 세포 관찰 사이트) http://www.cellsalive.com/index.htm

과학신문 사이언스타임즈 http://www.sciencetimes.co.kr

과학포털 사이언스올 www.scienceall.com

네이처 http://www.pbs.org/wnet/nature

네이처 코리아 http://www.naturekorea.com

동아사이언스 http://www.dongascience.com

미국 국립생물학정보연구센터 http://www.ncbi.nlm.nih.gov

미국식품의약안정청 http://www.fda.gov

사이언스 http://www.sciencemag.org

생물학정보 연구센터 http://bric.postech.ac.kr
약업신문 http://www.yakup.com
위키 백과 http://ko.wikipedia.org/wiki
의사과학 연구소 http://kopsa.or.kr/
케어캠프 http://www.carecamp.com
한국과학기술정보연구원 http://www.kisti.re.kr
호크힐(과학동영상 비디오) http://www.hawkhill.com
회의주의자 사전 http://www.skepdic.com

_참고한 도서

Dale Purves 외, 『Neuroscience』, Sinauer 출판사
강건일, 『강박사의 초과학 산책(상,하)』, 참과학
강건일, 『신과학 바로 알기』, 가람기획
리즈 엘리엇, 『우리 아이 머리에선 무슨 일이 일어나고 있을까?』 안승철 옮김, 궁리출판
리처드 도킨스 외, 『사이언스 북』, 김희봉 옮김, 사이언스북스
브라이언 이니스, 『모든 살인은 증거를 남긴다』, 이경식 옮김, 휴먼&북스
셧클리프, 『에피소드 과학사』, 조경철 옮김, 우신사
수전 그린필드, 『브레인 스토리』, 김종성·정병선 옮김, 지호출판사
아노 카렌, 『전염병의 문화사』, 권복규 옮김, 사이언스북스
자크 르 고프 외, 『고통받는 몸의 역사』, 장석훈 옮김, 지호출판사
찰스 윈·아서 위긴스, 『사이비 사이언스』, 김용완 옮김, 이제이북스
케빈 워릭, 『나는 왜 사이보그가 되었는가 *I, Cyborg*』, 정은영 옮김, 김영사
페터 크뢰닝, 『오류와 우연의 과학사』, 이동준 옮김, 이마고
핼 헬먼, 『과학사 속의 대논쟁 10』, 이충호 옮김, 가람기획

하리하라의 과학블로그 2

펴낸날 초판 1쇄 2005년 11월 10일
초판 25쇄 2021년 4월 23일

지은이 이은희
펴낸이 심만수
펴낸곳 (주)살림출판사
출판등록 1989년 11월 1일 제9-210호

주소 경기도 파주시 광인사길 30
전화 031-955-1350 팩스 031-624-1356
홈페이지 http://www.sallimbooks.com
이메일 book@sallimbooks.com

ISBN 978-89-522-0438-7 03400
살림Friends는 (주)살림출판사의 청소년 브랜드입니다.